智能卫星安全技术与应用

孔庆磊　陈　波　张松年　尹　峰　著

科学出版社

北　京

内 容 简 介

低轨星座在未来是全球重要的基础设施之一，卫星节点不可避免地会遭受各类网络入侵。在多星协同场景中，需要将网络入侵安全威胁局限于少数被入侵的卫星节点内，并防止其扩散至其他卫星节点。在低轨星座在轨计算的场景下，本书在该领域首次考虑了卫星在轨计算的安全需求，统筹在轨数据收集、去重、计算和查询的全流程数据安全威胁。综合考虑在轨计算场景的轨道、算力、带宽的限制，为低轨卫星在轨数据处理提供了一个数据安全保护框架。

本书可供航空航天和网络安全相关行业的工程师、咨询规划师，相关专业高校师生，以及对航空航天和网络安全感兴趣的读者参考阅读。

图书在版编目（CIP）数据

智能卫星安全技术与应用 / 孔庆磊等著. -- 北京 : 科学出版社, 2025. 3. -- ISBN 978-7-03-079372-0

Ⅰ. V474

中国国家版本馆 CIP 数据核字第 20246HZ807 号

责任编辑：郭勇斌　常诗尧　仝　冉 / 责任校对：高辰雷
责任印制：徐晓晨 / 封面设计：义和文创

科学出版社 出版
北京东黄城根北街 16 号
邮政编码：100717
http://www.sciencep.com
北京华宇信诺印刷有限公司印刷
科学出版社发行　各地新华书店经销

*

2025 年 3 月第　一　版　开本：720 × 1000　1/16
2025 年 3 月第一次印刷　印张：10
字数：170 000

定价：98.00 元

（如有印装质量问题，我社负责调换）

前　言

近年来低轨星座不断发展，以“星链”为代表的低轨巨型星座仅在数年间就发展成为全球重要的基础设施之一，其典型优势为传输速率高、覆盖范围广、部署灵活等。随着星载综合电子技术的持续进步，低轨卫星载荷的在轨处理能力也逐步增强。

大规模低成本卫星的发射，使黑客可以很容易地通过网络攻击入侵卫星节点，导致敏感信息窃取、指令篡改和卫星毁坏等。在单个卫星节点实现在轨收集-处理的场景下，在轨数据收集离不开卫星本体，对单个卫星节点的入侵不威胁其余卫星节点的数据安全。然而，由于单个卫星节点的能量供给受限和对星载处理器的抗辐射需求，单个卫星节点处理能力不足，复杂在轨处理任务往往需要多个卫星节点联合协作。

在多星协同的联合数据处理场景中，卫星之间涉及频繁的数据交互，急需在多种协同处理场景中设计相应的数据安全保护方案。同时，卫星在轨协同计算呈现如下三个网络特点：①卫星节点的能量供给有限导致星载算力不足；②卫星轨道的高动态拓扑结构导致星间可见时长有限；③地面站的部署限制导致星地传输带宽受限。基于以上分析，本书围绕低轨星座在轨协作数据处理过程中的典型场景，对收集、去重、计算和查询的全流程数据安全保护进行研究。

作　者

2025年1月6日

目　　录

第1章　绪　　论

在当今信息化和全球化的时代背景下，卫星作为支撑众多领域发展的关键要素，正经历着前所未有的发展和变革。随着卫星星座规模的不断扩大，以及卫星边缘计算技术的兴起，人类逐步迈向一个全新的卫星通信和数据处理时代。本章将从卫星通信技术发展现状、卫星边缘计算发展现状，以及卫星安全威胁三个方面展开。

1.1　卫星通信技术发展现状

近年来，大型商业卫星公司纷纷推出了庞大的低轨星座计划如 SpaceX 的 Starlink、一网公司的 OneWeb 等，旨在通过由成百上千颗乃至上万颗卫星组成的天基网络，实现全球无缝覆盖的高速互联网接入。低轨卫星距离地面较近，信号传输延迟更低，且能提供更高速的数据传输速率，这对于推动远程教育、远程医疗、应急通信等领域的发展具有重要意义。本节首先介绍卫星通信技术的发展历程；其次简述低轨巨型星座的近期发展，分析卫星互联网的发展现状。

1.1.1　卫星通信技术

卫星通信技术是现代通信技术的一个重要分支，它利用人造地球卫星作为中继站，极大地扩展了通信的覆盖范围，实现了全球无缝连接。卫星通信系统主要包括卫星、地面站和用户终端三个部分。

（1）卫星：卫星位于太空中的特定轨道上，其携带的转发器能够接收来自地面站或用户终端的无线电波信号，经过放大、变频等处理后，再将信号转发回地面站或其他卫星，从而完成信息的远距离传输。

（2）地面站：地面站负责将用户信号上传到卫星，还负责接收从卫星转发回来的信号，并将其转换为用户可识别的形式。地面站通常具有强大的天线系统以确保信号的准确传输和接收，同时配备有先进的通信设备、控制系统和辅助设施，以确保通信的连续性和稳定性。

（3）用户终端：用户终端是用户接入卫星通信网络的接口设备，可以是卫星电话、计算机、甚小口径天线终端（very small aperture terminal，VSAT）等。用户通过终端设备发送和接收信息，实现与全球各地的通信联系。随着技术的发展，用户终端逐渐趋于小型化、便携化和智能化。

由于卫星通信不受地理环境的限制，全球范围内的无缝覆盖是卫星通信的最大优势。同时，由于卫星通信系统通常采用冗余设计和备份机制，使得通信业务的连续性和稳定性得以保证。然而，随着通信卫星节点的增多，频谱资源变得越来越紧张。同时，由于卫星制造、发射和运营成本高昂，限制了卫星通信的普及和应用。另外，基于空间环境的复杂性，卫星信号在传输过程中容易受到干扰和衰减的影响。

卫星通信的最初设想是阿瑟 • 克拉克在 1945 年提出的，即在地球静止轨道上每隔 120°放置 1 颗通信卫星来实现除两极之外全球范围内的通信。斯普特尼克 1 号（Sputnik 1），也被称为人造地球卫星 1 号，是 1957 年苏联研制并发射的世界第一颗人造地球卫星，也是人类历史上的第一颗人造地球卫星。1965 年发射的 Intelsat-Ⅰ是世界上第一颗商业通信卫星，具有里程碑式的意义，它不仅推动了国际通信的发展，也为后续卫星通信技术的进步奠定了基础。随着数字技术和微电子技术的发展，自 20 世纪 70 年代起，卫星通信技术进入了一个新的阶段。卫星通信系统开始使用数字信号处理和调制解调技术，提高了通信质量和效率。卫星通信技术在 20 世纪 80 年代和 90 年代得到了进一步发展和应用。卫星通信系统的容量和带宽逐渐增大，信号的传输速度也得到了显著提升。同时，多波束天线和频率重复器等新技术的出现，使得卫星通信系统能够支持更多的用户和数据流量。我国在卫星通信领域的探索始于 20 世纪 60 年代。1984 年，我国成功发射了第一颗试验通信卫星东方红二号，标志着我国正式进入卫星通信领域。随后，我国陆续发射了多颗通信卫星，包括“中星”系列、“亚太”系列等，构建了较为完善的卫星通信网络。

根据轨道高度的不同，卫星可以分为地球同步轨道（geosynchronous orbit，GSO）卫星、中地球轨道（middle earth orbit，MEO）卫星和低地球轨道（low earth orbit，LEO）卫星（简称为低轨卫星）。

GSO 是一种特殊的卫星轨道，其特点在于卫星的轨道周期与地球自转周期相同，即约为 23h56min4s。地球静止轨道（geostationary earth orbit，GEO）是一种特殊的 GSO，其轨道平面位于赤道平面上。GEO 卫星相对于地面观察者来说是完全静止不动的，地球静止轨道周期与地球自转周期相等。由于 GEO 卫星的轨道周期与地球自转周期相匹配，从而 GEO 卫星能够相对于地面保持相对静止，这使得其能够持续地对特定区域进行观测或提供通信服务。同时，GEO 卫星位于地球赤道平面的特定高度，其覆盖范围几乎可以涵盖地球表面的三分之一，因此，单颗 GEO 卫星就能够实现广泛的通信覆盖，尤其是在海洋、偏远地区等地面通信设施难以到达的地方。基于 GEO 卫星覆盖范围广的特点，通过 GEO 卫星不仅可以将电视信号传输到全球各地，实现跨国界的电视广播服务，还可以在地面设施被破坏等突发事件情况下，利用 GEO 卫星通信系统提供应急通信服务。卫星轨道类型如图 1.1 所示。

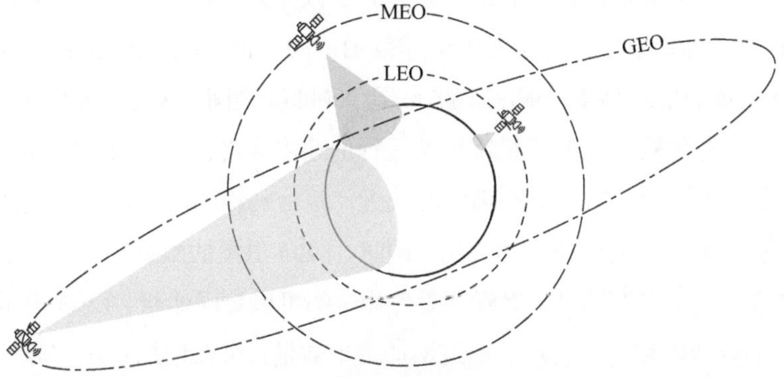

图 1.1　卫星轨道类型示意图

国际海事卫星组织（International Maritime Satellite Organization，INMARSAT）成立于 1979 年，是领先的全球卫星通信服务提供商之一，INMARSAT 系统是最早的 GEO 卫星移动通信系统之一，利用位于地球赤道平面上空的 GEO 卫星提供全球范围内的通信服务。INMARSAT 系统不仅服务于海事领域，还逐渐扩展到陆地和航空领域，成为全球海上、空中和陆地商用及遇险安全卫星移动通信服务的重要提供者。区别于其他导航系统，我国的北斗导航卫星系统具备短报文通信功能。在自然灾害、事故灾难等紧急情况下，地面通信网络可能会瘫痪，北斗短报文可以提供可靠的通信手段。用户可以向救援中心报告位置和状况，请求支援或传递简要的应急指令。通过北斗短报文通信功能，气象部门可以及时向偏远地区发送天气预报信息，帮助当地居民做好防灾准备。在交通运输领域，北斗短报文通信功能可以用于车辆调度、货物追踪等方面，提高运输效率和管理水平。由于 GEO 卫星的轨道高度较高，信号在传输过程中需要经历较长的路径，因此会产生较大的传输时延和传输损耗。一般来说，GEO 卫星的传输时延大约为 500ms。这种时延对于实时性要求较高的应用（如在线游戏、视频会议等）来说可能会造成一定的影响。

MEO 卫星，其轨道的高度一般在 2000km 至 20 000km 之间。相比位于更高轨道的 GEO 卫星，MEO 卫星可以实现较低的信号延迟和衰减，能够提供更为迅速的通信服务；与 LEO 卫星相比，MEO 卫星可以用更少的数量实现全球覆盖。它的覆盖范围和链路损耗比 LEO 卫星大，传输时延大概为 140ms。奥德赛（Odyssey）系统是典型的 MEO 卫星系统之一，由美国 TRW 空间技术集团公司推出。该系统采用了 12 颗 MEO 卫星来提供全球覆盖的移动通信服务。这些卫星分布在高度约为 10 000km 的轨道上，并分布在倾角为 55°的三个轨道平面上。这种设计使得卫星网络能够灵活地覆盖全球范围，同时保持较低的信号延迟和衰减。

LEO 卫星的轨道高度一般在 160km 到 2000km 之间，这是其被称为“低地球轨道”的原因。这种轨道上的卫星绕地球运行的速度非常快，完成一圈的时间大约为 90～120min。由于 LEO 卫星距离地面较近，信号传输的时间较短，因此具有较低的延迟，适用于实时通信和互动应用。同时，LEO 卫星的数量较多，可以实现全球范围的覆盖，无论是在陆地、海洋还是空中，都可以实现通信。LEO 卫星通信系统具有较高的灵活性和可扩展性。通过增加卫星数量，可以增加系统的容量和覆盖范围，满足不断增长的通信需求。相比传统的地球静止轨道（GEO）卫星通信系统，LEO 卫星通信系统的建设和运营成本较低，这使得 LEO 卫星通信系统成为许多国家和地区发展卫星通信的首选方案。基于 LEO 卫星的特点，LEO 卫星通信系统可以提供全球范围的高速互联网接入服务，尤其是在偏远地区和发展中国家。这将为人们提供更广泛的互联网接入机会，推动数字化和信息化进程。

1.1.2 低轨巨型星座

近年来，低轨巨型星座在全球范围内得到了广泛关注和发展，低轨巨型星座是指由大量 LEO 卫星组成的庞大卫星网络，并具有以下特点。

（1）传输实时性高：由于 LEO 卫星的轨道高度较低（160～2000km），通信信号的传输距离较短，使得传输信号的时延较低。

（2）冗余性强：与 GEO 卫星和 MEO 卫星相比，LEO 卫星的制造和发射成本较低；同时，随着可重复使用火箭技术的成熟以及卫星设计和制造成本的进一步降低，使得卫星网络的快速部署和调整成为可能，以适应不同的应用需求和场景。

（3）传输容量大：随着 LEO 卫星的大规模发射，大批量并行运营的 LEO 卫星结合先进天线技术和通信载荷，提供更高的系统容量并满足不断发展的通信需求。

（4）覆盖范围广：单个 LEO 卫星的地面覆盖范围通常可达几百千米至几千千米直径的面积；为了实现全球覆盖，通常会部署由多颗 LEO 卫星组成的星座；另外，随着卫星的轨道运动和地球的自转，精确的轨道规划和星座可以弥补卫星覆盖范围的不断变化。

铱系统（Iridium）是美国摩托罗拉公司在 1987 年提出并设计的全球移动通信系统。该系统通过低地球轨道（LEO）卫星网络实现全球通信，旨在突破基于地面的蜂窝无线通信的局限，为地球上任何地区、任何人提供语音、数据、传真及寻呼信息。铱系统由 66 颗运作中的通信卫星（外加备用卫星）组成，这些卫星分布在 6 个圆形极地轨道上，每个轨道上有 11 颗卫星。卫星间隔约 2800mi[①]，以时速 16 832mi（约 27 088km）围绕地球旋转，每 100min 绕地球一圈。这种布局确保了地球上任何位置在任何时间至少被一颗卫星覆盖。这些卫星在约 800km 的高度运行，每颗卫星都能与相邻的卫星进行交叉链路通信，从而实现全球覆盖。铱系统通过地面站与用户终端进行通信。地面站负责将卫星信号转换为公共交换电话网络（PSTN）或互联网信号，以及将来自地面的电话和数据信号上传至卫星。铱系统支持多种类型的用户终端，包括卫星电话、数据模块和短消息设备。这些终端能够直接与卫星通信，无需任何地面基础设施。由于经济问题和技术挑战，项目经历了多次延迟，最终由于经营决策失误，铱系统在 2000 年宣布停止运营。

2007 年，新的铱公司在美国国防部的支持下成立，启动了第二代铱系统（Iridium Next）计划，由于各种原因，直到 2017 年才完成首批卫星的发射任务，2019 年 SpaceX 公司的猎鹰 9 号（Falcon 9）火箭发射升空，最后 10 颗卫星进入

① 1mi = 1.609344km

轨道位置。Iridium Next 由 81 颗卫星构成，包括 66 颗工作卫星、9 颗在轨备份卫星和 6 颗地面备份卫星。这种设计确保了星座的高可靠性和灵活性，即使部分卫星发生故障，系统仍能保持连续的服务。Iridium Next 卫星位于 780km 的轨道上，倾角为 86.4°，卫星分布在 6 个轨道平面上，每个轨道平面均匀分布 11 颗卫星，其中轨道 1 和轨道 6 是反向轨道，间距为 22°，其余轨道均为同向轨道，间距为 31.6°。在通信有效载荷方面，卫星上搭载再生型处理转发器，这种转发器能够对信号进行处理和再生，提高通信质量，卫星配备的 L 频段相控阵天线能够产生 48 个口径为 400km 的点波束，这有助于提高信号的定向性和覆盖范围。同时 Iridium Next 也同第一代一样具备 Ka 频段星间链路（inter-satellite link，ISL），具有 2 副可控、2 副固定的星间链路天线。测控链路为 Ka 频段，通过全向天线实现。Iridium Next 是第一个搭载有效载荷(hosted payload)的商业系统，比如搭载 Aireon 公司的广播式自动相关监视（automatic dependent surveillance broadcast，ADS-B），提供航空交通管制服务；以及搭载 Harris 和 exactEarth 公司的船舶自动识别系统（automatic identification system，AIS），为全球的船只提供定位跟踪服务。不同业务的数据及传感器遥测和指控数据可以通过 Ka 频段的星间链路、星地之间的馈电链路传送到地面。不过，在极端紧急情况下，Iridium Next 会关闭搭载载荷，以维护整个系统卫星的正常运转[1]。Iridium Next 的主要服务对象是那些没有陆地通信线路或手机信号覆盖的地区，以及信号太弱或超载的地区。其商业服务市场包括航海、航空、急救、石油及天然气开采、林业、矿业、新闻采访等领域。此外，Iridium Next 还为美国国防部及其他国家的国防部门提供卫星通信服务。

随着全球对高速、稳定互联网服务需求的不断增加，传统地面通信设施在某些地区面临覆盖不足和成本高昂的问题。因此，SpaceX 公司提出了星链（Starlink）计划，旨在通过低轨卫星网络为全球用户提供高速、低成本的互联网服务。Starlink 计划建设一个全球覆盖、大容量、低时延的天基通信系统，提供高速互联网服务。该计划拟用 4.2 万颗卫星来取代地面上的传统通信设施，从而在全球范围内实现宽带互联网的普及。自 2019 年 5 月 24 日 SpaceX 首次成功发射首批 60 颗 Starlink 卫星以来，该公司已经进行了多次 Starlink 卫星的发射任务。这些任务大多使用猎鹰 9 号运载火箭进行，并且随着技术的进步和星座建设的推进，发射频率和卫星数量都在不断增加[2]。

该项目旨在利用大规模卫星网络覆盖地球，为全球范围内的用户提供高速、低延迟的卫星互联网服务，形成天基 5G + /6G 的 Wi-Fi 能力。Starlink 的建设工期可以分为三个阶段，第一阶段为初期部署与测试阶段，即为低地球轨道部署 1584 颗卫星，其目标为建立基础的卫星网络并开始提供互联网服务，尤其是为没有传统互联网基础设施的偏远地区提供服务；第二阶段为网络扩展与优化阶段，即将低轨卫星增加到 2000 颗及以上来增强网络稳定性，其目标为增加卫星数量、减少区域间的信号盲点、进一步扩大网络覆盖以及提升服务质量；第三阶段为全球覆盖与高效服务阶段，即通过增加卫星数量形成一个庞大的卫星星座，其目标为实现低轨网络全球覆盖，提供更高质量的互联网连接，满足商业级和大规模消费者需求。Starlink 卫星采用透明转发和星间链路传输的方式。透明转发借助地球站实现数据转发，完成用户之间的通信，从 2021 年 9 月起，发射的 V1.5 卫星开始加装激光星间链路，以便它们可以与星座中的其他卫星建立卫星网络。激光通信是将轨道平面内的两颗相邻卫星以及垂直轨道平面上的两颗卫星连接起来，保证任意两个方向上的不间断通信。同时 SpaceX 公司计划在第二代 Starlink 卫星的通信载荷上额外增加一个面积达 $25m^2$ 的相控阵天线，用于实现与地面手机的直接通信。目前在公开的信息中，卫星与用户之间使用 Ku 频段、Ka 频段以及 V 频段，抢占了空间领域和电磁频谱领域轨道的优势。Starlink 系统是一个全天候、全球覆盖的高速卫星互联网星座，具有广泛的用途，可以为飞机、轮船、偏远地区等低密度区域的用户提供服务。Starlink 系统具有很强的鲁棒性，当一个卫星受到干扰时，并不会影响系统的正常功能。其支持软件在线更新升级，具备较强的抗干扰能力。Starlink 的卫星寿命大约为 5～6 年，一旦失效，卫星会自动脱离轨道，坠入大气层燃烧殆尽。目前，可以为美国、日本等 20 多个国家和地区提供星链服务。

一网公司旨在通过构建一个由超过 600 颗小型卫星组成的网络（OneWeb），实现全球范围内的高速互联网覆盖。利用 LEO 卫星技术，为地面网络难以覆盖的偏远地区提供稳定、高速的互联网接入服务。一网公司的服务对象主要集中在政府、企业以及海事和航空等行业，而不面向普通个人用户，这样的定位有助于减少网络访问请求量，从而有效降低网络拥塞问题。2023 年 3 月，印度 LVM3 火箭成功发射 36 颗 OneWeb 卫星，一网公司完成了低轨互联网星座一期的最后一次组网部署，即将形成全球服务能力，每颗卫星提供 7.2Gbps 带宽，总带宽高达 1.1Tbps，这将为全球范围内的客户提供强大的网络支持。OneWeb 一期共发射 648 颗 Ku/Ka 频段卫星，分布在高度为 1200km、倾角为 87.9°的 18 个轨道平面上，每个轨道平面部署约 36 颗卫星，采用天星地网架构，卫星之间没有星间链路连接，卫星将接收的地面用户数据直接转发到地面网络完成传输，只有在用户终端和地面站被同一卫星覆盖时才能进行实时通信业务，因此，为了实现全球覆盖，一网公司需要部署更多的卫星网络网关。卫星与用户终端使用 Ku 频段通信，与地面站通过 Ka 频段通信。OneWeb 卫星目前在阿拉斯加、加拿大、英国、格陵兰岛以及北极一些地区提供互联网服务。

亚马逊的柯伊伯（Kuiper）计划是一个太空宽带项目，旨在通过发射大量近地轨道卫星，为全球提供高速、低延迟的互联网接入服务。Kuiper 通过构建一个由 3236 颗卫星组成的 LEO 卫星网络，以提供北纬 56°到南纬 56°区域的高速互联网服务[3]。这个项目是亚马逊为了扩大其业务范围、进入新兴的卫星互联网市场而采取的重要举措。Kuiper 计划的卫星在 590km 到 630km 之间运行，部署在离地球表面相对较近的轨道上，这使得这些卫星能够为客户提供更快速的服务。由于这些卫星距离地面较近，信号传输的延迟时间更短，这意味着在进行视频通话、在线游戏和高清流媒体等需求较高的活动时，用户能够获得更加稳定和高效的网络连接和体验。Kuiper 计划为个人、企业、学校、救灾、政府机构以及其他没有可靠通信连接的地方运营组织等广泛的客户提供快速的卫星宽带。2023 年 3 月公布的三个不同的客户终端工程模型，最小的终端重量仅为 1lb①，速度达到 100Mbps，可以为广大住宅客户以及进行物联网（internet of things，IoT）项目的政府和企业客户提供服务；中型终端重量约为 5lb，速度达到 400Mbps；大型终端是专门为企业、政府以及电信公司设计的，可以提供高达 1Gbps 的速度[4]。该项目中卫星配备主动推进系统，它为卫星提供了在太空中进行精确操纵的能力，可以通过精确的推进控制，卫星保持在其预定的轨道上运行，通过机动躲避太空中大量的空间碎片，并在任务结束后主动推离轨道[5]。这一系统的开发和应用对于提高空间的安全性和可持续性具有重要意义。

随着全球对高速、稳定互联网服务需求的不断增加，以及卫星通信技术的快速发展，中国决定加速推进自己的低轨卫星通信网络建设。国网（GW）星座的提出，正是为了应对这一挑战，并提升中国在卫星通信领域的国际竞争力。通过部署大量低轨卫星，构建一个覆盖全球、高速、低延迟的卫星通信网络。该网络

① 1lb = 0.453592kg

将为用户提供包括互联网接入、移动通信、物联网等在内的多种通信服务，并有望在多个领域发挥重要作用。GW 星座总计规划了 12 992 颗卫星，分为 GW-A59 和 GW-2 两个分星座。GW-A59 星座包括 3 个子星座，共计 6080 颗卫星，轨道高度从 508km 到 600km 不等，轨道倾角分布在 30°到 85°之间；GW-2 星座由 4 个子星座组成，共计 6912 颗卫星，轨道高度均为 1145km，轨道倾角间隔 10°。除了基本的通信服务外，GW 星座还将广泛应用于资源调查、环境监测、气象预报、导航定位、灾害预警等多个领域，为国家的经济发展和社会进步提供有力支撑。GW 卫星不仅采用了高光谱成像技术，可以对地球表面进行高分辨率、高灵敏度的遥感观测，为资源调查、环境监测等提供更加准确的数据，GW 卫星同时具备广域遥感和实时遥感能力，能够迅速获取并传输大量地球观测数据，为气象预报、自然灾害预警等提供及时支持。目前 GW 星座项目正在稳步推进中，部分卫星已经成功发射并入轨运行。随着项目的深入实施，更多的卫星将陆续发射升空，形成更加完善的卫星网络。

1.2 卫星边缘计算发展现状

随着卫星数据处理能力的增强，卫星边缘计算技术应运而生。通过将计算能力下沉到更接近数据产生源头的位置，卫星边缘计算能够显著降低数据传输延迟，提高系统响应速度，并优化资源利用效率。本节首先介绍卫星边缘计算架构，其次简述在轨资源调度的研究现状。

1.2.1 卫星边缘计算架构

卫星边缘计算通过在卫星和地面站之间部署计算资源和存储资源，实现数据的就近处理和分析。首先，在卫星上直接部署计算资源，允许对卫星收集到的数据进行即时处理和分析，这是卫星边缘计算的核心优势之一。这种方法显著减少了数据从卫星传输回地面站的时间延迟，并降低了对地面站与卫星之间通信带宽的需求。这一技术对众多实时性需求高的应用至关重要，例如环境监测、灾害预警、海上搜救等。其次，随着智能终端设备的快速发展，通信数据的内容已经从传统的语音和文本逐渐转变为图像和视频[6]，这种转变对数据传输的实时性和带宽提出了更高的要求。传统结合 LEO 卫星和地面站对数据仅进行转发传输的模式，已经难以满足现代社会对数据实时性的迫切需求。卫星边缘计算不仅能够提高数据处理的效率，还能够确保数据的安全性和隐私性，同时满足在各种环境下对实时性和可靠性的高要求。卫星边缘计算的整体架构如图 1.2 所示[7]，可以分为空间卫星段、地面网络段以及用户终端。空间卫星段主要是由部署边缘服务器的 LEO 卫星组成，可以实现全球覆盖，特别是为地面站无法建设的偏远陆地和海洋环境提供通信服务。

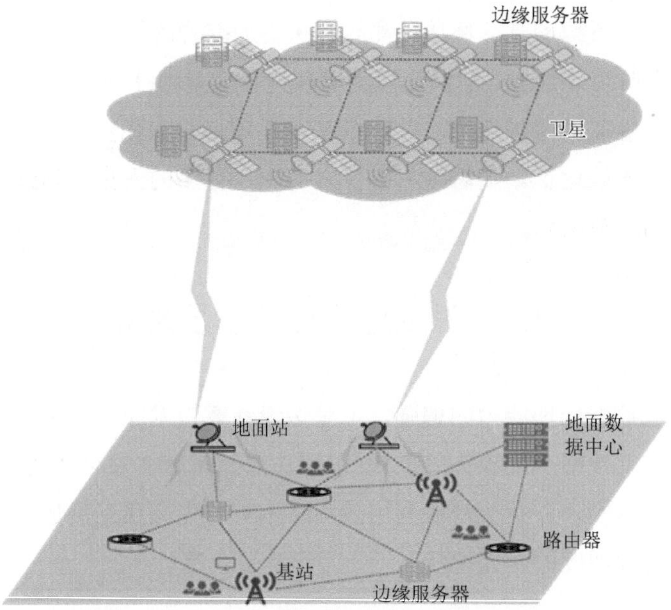

图 1.2　卫星边缘计算整体架构

通过在 LEO 卫星上部署边缘服务器，使卫星节点具备数据处理和存储能力。这些边缘服务器可以接收来自智能终端的图像和视频数据，并进行初步的处理和分析。LEO 卫星作为边缘计算节点，具有以下优势。

（1）低延迟特性：相比于其他轨道的卫星，LEO 卫星具有更低的轨道高度和更短的传输路径，从而显著降低了数据传输的延迟。这一低轨道特性对于需要实时处理和分析的图像和视频数据尤为重要。

（2）广泛覆盖：基于 LEO 卫星网络可以实现全球范围的广泛覆盖，结合 LEO

卫星的通信和计算载荷，使得无论用户身处何地，都能突破计算硬件部署地理空间的限制并接入在轨边缘计算服务，享受实时数据处理服务带来的便利。

（3）高效资源利用：将计算资源部署在LEO卫星上，可以实现对卫星采集数据进行就地分析、处理和丢弃，减少了对地面计算设备和星地链路的依赖。这不仅提高了卫星在轨计算和传输资源的利用效率，还降低了整体运营成本。

由于单个LEO卫星的计算能力有限，LEO卫星之间可以通过星间链路实现跨域通信和协同工作。这有助于在卫星网络中实现资源的共享和优化配置，提高整体服务质量和效率。为了实现智能化的资源调度，引入软件定义网络（software defined network，SDN）模型来管理和编排LEO网络中的网络、缓存和计算资源。通过SDN控制器实现对LEO卫星星座的实时控制，提高网络的灵活性和可扩展性。基于卫星边缘计算的典型场景如下。

（1）全球覆盖的IoT服务：卫星边缘计算通过其独特的卫星链路和全球覆盖能力，为沙漠、高原、海洋等无传统通信基础设施的区域提供了可靠的连接解决方案。在IoT服务中，即使在最偏远的地方，物联网设备也能通过卫星边缘计算节点实现数据的快速收集、分析和处理。这不仅扩展了物联网的覆盖范围，还确保了数据的实时性和可靠性，为农业、环境监测、野生动物保护等多个领域提供了前所未有的机会。

（2）空间计算服务与地球观测：由于地球观测应用涉及大量数据处理和分析，卫星边缘计算的优势尤为明显。通过在卫星上直接进行数据的初步处理和分析，卫星边缘计算能够显著减少下行链路传输的数据规模，降低对地面站和下行链路的依赖。这不仅提高了数据的处理速度和实时性，还减轻了地面数据中心的负载，实现了数据的在轨处理和即时反馈。这对于应对自然灾害、环境监测和气候变化研究等紧急任务具有重要意义。

（3）高实时性需求场景：卫星边缘计算还广泛应用于多种对实时性要求极高的应用场景中，如自动驾驶汽车、远程医疗和智能农业等。在自动驾驶汽车领域，卫星边缘计算可以实时处理来自车辆和周围环境的数据，为车辆提供准确的定位和导航信息，确保行车安全。在远程医疗领域，卫星边缘计算可以实现远程医疗影像的实时传输和处理，为医生提供即时的患者信息和诊断支持。在智能农业领域，卫星边缘计算可以支持大规模传感器设备的连接和管理，实现农业监控设施的智能化和高效运行。

卫星边缘计算就是在卫星上结合边缘计算技术，比如移动边缘计算、雾计算等，将计算能力与数据处理能力移到接近卫星的位置。卫星边缘计算相比地面边缘计算具有独特的优势，主要体现在降低时延、缓存和节省回传带宽等方面。

首先，当地面的计算资源不足时，用户可以直接将计算任务卸载给卫星进行处理，无需再经由卫星传输至其他位置的地面云计算中心。这种方式将计算能力和存储资源下沉到更接近用户终端的位置，有效降低了数据传输的时延。

其次，利用卫星边缘计算，用户可以实现更快速的数据处理和决策反馈，提高了整体系统的响应速度和效率。同时，这种架构也减少了对地面基础设施的依赖，特别是在偏远地区或灾难发生时，仍能保持较高的计算性能和服务可靠性。

再次，在卫星通信网络中，带宽资源相对稀缺，而大量资源浪费往往源自重复流量数据在链路中的往返传输。因此，通过将重复度较高的数据存储在卫星边缘计算节点的缓存空间中，可以在用户发起内容请求时快速在轨获取所需内容，显著减少重复数据传输对卫星资源的占用，从而有效改善卫星网络的拥塞情况。有效的缓存资源管理使得卫星边缘计算节点能够更加智能地响应用户请求，提升数据访问速度和效率，增强用户体验。

最后，将计算任务转移到更接近用户的卫星计算平台，尤其是在没有地面边缘节点的偏远地区，可以为对延迟要求高和计算密集型应用提供更高效的服务保障。将部分天基数据处理任务转移到卫星上，有助于减少由于天基数据回传而导致的星地链路带宽浪费[8]，通过在卫星上进行数据处理和分析，可以在卫星端完成部分计算任务，减轻星地链路的数据传输压力，降低带宽消耗。

然而由于卫星所处环境的特殊，卫星边缘计算需要考虑更多的卫星的移动性、能耗等。由于卫星的高速移动特性，LEO 卫星的速度约为 8km/s，地面站与卫星、卫星与卫星、卫星与用户终端之间的通信链路可能会频繁中断，网络拓扑结构也呈现高度动态变化。这一现象，将增加卫星通信路由的复杂性和不确定性，对服务的连续性构成挑战。

首先，卫星具有较高的移动性，这使得卫星边缘计算更容易受到多普勒效应和链路切换的影响[9]，卫星的高速移动会导致信号频率发生变化，这可能会影响信号的接收质量和通信的稳定性。地面站与卫星之间的通信链路可能会频繁中断，需要高效的链路切换机制来保证通信的连续性。为了弥补这一缺陷，系统应实时监控卫星之间的通信链路质量，包括大气干扰、卫星姿态变化等因素对链路的影响。一旦发现链路质量下降到影响服务质量的程度，系统应立即启动服务迁移流程，将服务迁移到通信质量更好的卫星节点上。

其次，在卫星网络中，卫星节点和用户终端都处于高速运动状态，这导致了卫星通信网络的拓扑结构具有高度的动态性，在卫星上部署边缘服务器，将计算任务卸载到高速移动的卫星上，由于卫星的高速运动，卫星通信的路由表经常变化，如何保证服务的连续性是卫星边缘计算架构设计中必须考虑的问题[10]。由于卫星通信网络具有动态变化的拓扑结构，系统需要具备动态网络拓扑管理能力，以快速适应网络结构的变化。这包括识别新出现的卫星节点、跟踪卫星节点的移动轨迹、预测卫星之间的可见性关系等。

再次，卫星的体积和质量较小，且位于太空轨道上，卫星的计算和存储资源相对有限。卫星的能源主要依赖于太阳能电池板将太阳光转化为电能，供应卫星的各种操作，包括通信、导航、数据处理等，能量水平随着能量收集和运动消耗而不断变化，所以卫星的计算能力通常不稳定，这对卫星上边缘计算节点的能耗管理提出了更高的要求。由于 LEO 卫星的能量主要来自太阳能电池板，系统应具备能量预测和优化能力。通过监测卫星的光照条件和姿态变化，预测其能量供应情况，并据此调整卫星的工作模式和任务分配策略，以最大程度地延长卫星的使用寿命和提高能量使用效率。

最后，地面边缘计算架构无法充分考虑卫星在太空环境中所面临的特殊挑战，比如辐射、温度变化等因素，这可能会影响计算节点的稳定性和可靠性。LEO 卫星边缘计算可能需要遵循特定的通信标准和协议，这些可能与地面边缘计算不同。直接采用地面边缘计算架构可能导致兼容性问题，需要额外的适配工作。

基于以上分析，在 LEO 卫星网络中直接采用地面边缘计算架构是不合理的，在设计卫星边缘计算架构时，需要充分考虑 LEO 卫星网络的独特特性，以确保系统的高效、可靠和可扩展性。近年来国内外众多研究人员开始关注卫星边缘计算的架构设计，尽管卫星边缘计算的研究正在积极进行中，但由于这是一个相对较新的领域，标准化工作还处于起步阶段，目前还没有形成完整且被广泛接受的标准化框架或白皮书。研究人员和机构正在探索和制定相关的技术标准和规范，以指导卫星边缘计算的实施和发展。目前只有一些初步的研究，主要聚焦于如何在卫星网络中实现边缘计算，以及如何优化数据处理、存储和传输等方面的性能。

唐琴琴等[10]提出了一种基于边缘计算的星地协同网络架构，边缘节点包括部署移动边缘计算（mobile edge computing，MEC）的 LEO 卫星节点和地基、海基、空基边缘节点。其逻辑架构从上到下依次为应用层、平台层、网络层和资源层以及监管系统，应用层运行的应用考虑现有体系和协议，也考虑对未来网络扩展功能的兼容；平台层基于卫星边缘计算平台为应用层提供网络化的数据存储和运行过程中所需要的基础服务（例如任务调度、服务迁移）；网络层主要为各种卫星网络协议，满足异构网络的通信需求，实现底层资源的高效利用；资源层主要包括计算、存储和网络资源，应用虚拟化技术解决资源异构问题，提供网络层适用标准化的接口；而监管系统作为网络架构的控制中心，负责全局的安全管理、部署管理和进程管理等。

唐琴琴等[11]还提出了一种基于 5G 的星地融合网络架构，天基边缘计算架构参考地面 5G 通信网络架构，设计了天基网络架构，天基网络分为两层，卫星管控层（SCL）和卫星数据接入、转发处理层（SDAFPL）。SCL 由天基核心网组成；SDAFPL 由多个承载了基站功能和卫星边缘计算平台的卫星节点组成，通过基站的接收功能，可以获取终端设备的接入信息。SCL 采用不同的决策对 SDAFPL 中来自不同终端设备的流量数据进行控制和管理；SDAFPL 通过基站可以获取终端设备接入信息，比如终端设备所在地理位置等，与 SCL 进行信息交互。

Qiu 等[12]提出了基于软件定义网络和网络虚拟化的星地一体化网络架构，基于 TCP/IP 的卫星协议移动性较差、开销高、复杂性高，因此使用软件定义网络可以通过提供底层资源的抽象实现数据层和控制层的解耦，使用网络虚拟化可以将单个物理网络虚拟化为多个虚拟网络以共享网络资源。该架构分为数据层、控制层和应用层。数据层主要包括网络、存储和计算基础设施；控制层包括 MEO 卫星、GEO 卫星和地面控制器，负责控制和管理数据层中的多个资源，能够将网络、存储和计算资源抽象成资源池，根据用户的需求动态分配；应用层包括遥感、导航和通信等多个应用。

Li 等[13]提出的 LEO 卫星边缘计算架构将低地球轨道卫星边缘计算系统分为用户平面和控制平面（图 1.3）。LEO 卫星的用户平面可以分为三层，最底层为基础设施层，包括 CPU、GPU、磁盘以及交换机等卫星有效载荷，主要分为计算、存储和网络设备。中间层为虚拟化层，负责将底层资源抽象为虚拟化资源，便于被虚拟机管理程序分配和管理，同时根据虚拟机的需求和整体资源利用情况，对虚拟机进行资源调度和管理。最上层为应用层，主要是第三方开发的各种应用服务，比如增强现实、虚拟现实、自动决策等，在虚拟化资源的基础上运行应用程序。控制平面主要包括控制器和卫星的本地代理，卫星的本地代理可以通过馈线链路和卫星中继与控制器通信。将控制器部署在卫星网络网关中，控制器管理系统的运行和状态，包括卫星的链路和带宽，同时负责用户终端接入卫星的选择以及在卫星之间的服务迁移。本地代理主要负责监控卫星上的服务以及卫星的资源使用状况信息，也负责在服务迁移时向目标卫星上的控制器和本地代理发出服务迁移的信号，将服务迁移到目标节点，同时也管理卫星上的虚拟化基础架构。

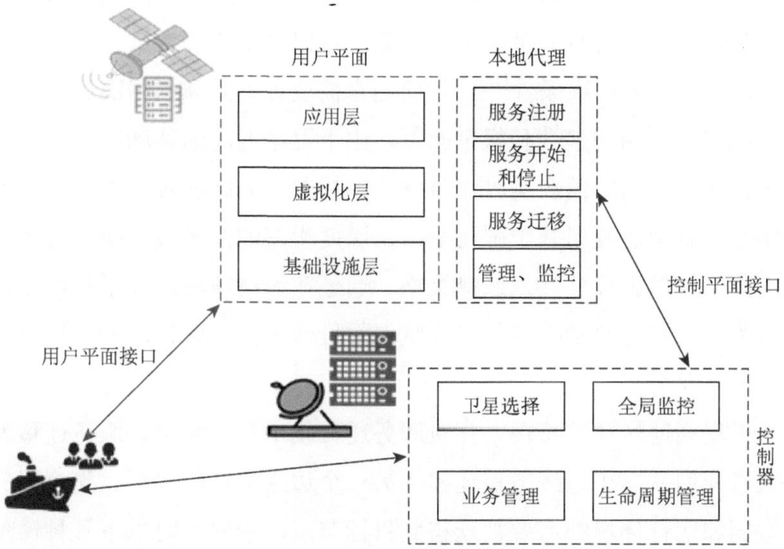

图 1.3 LEO 卫星边缘计算架构

1.2.2 在轨资源调度

卫星在轨资源调度是指根据卫星的任务需求、轨道特性、资源状况以及外部环境等因素，对卫星上的计算资源、存储资源、通信资源以及能源等进行合理的规划、分配和调整的过程。其目标是最大化卫星资源的利用效率，保证卫星任务的顺利完成，并降低运营成本。

基于卫星在轨服务的特殊性，在轨服务的前提是找到可以为用户提供服务的接入卫星，接入卫星首先需要满足用户的服务要求，接入卫星的状态也会影响服务质量，比如传输延迟、中断概率、呼叫阻塞率等。最简单的方法就是地面终端用户直接从其过顶卫星获得边缘计算服务，但是接入卫星可能存在过载的现象，或者它即将离开用户上方，用户终端无法访问，因此在卫星边缘计算中需要高效的接入卫星选择策略保证用户的服务质量。由于卫星在轨道上的位置以及仰角等信息是可以根据星历表得到的，传统的接入卫星选择策略包括基于单参数的接入选择策略和基于多参数的接入选择策略。基于单参数的接入选择策略中通常选择的参数包括最长覆盖时间、最短传输距离、负载均衡、最小仰角等，然而这些接入选择策略只考虑了单一因素，不能达到全局最优。基于多参数的接入选择策略考虑以上多个参数进行加权来做出决策，可以充分考虑各种因素对接入卫星服务质量的影响。基于多参数的接入选择策略可以根据不同的参数和权重进行调整，来满足不同的需求和约束条件[14]，然而通常需要根据具体的情况进行选择，不同的环境可能需要不同的参数和权重配置，由于卫星的高速移动性、用户的分布和移动性，在实际应用中需要实时调整参数和权重，因此在实际卫星边缘计算中应用较为困难。有学者提出基于强化学习、深度学习的多参数的接入选择策略，使用复杂的数学模型来设计接入选择策略，通过在线决策与连续采样，与环境持续互动学习，获取即时奖励来评价当前状态的价值函数，以较低的计算复杂度实现实时接入选择[15-17]。

由于卫星高速转动的特性，在轨服务迁移技术必不可少。服务迁移就是将某个服务或者应用从一个边缘节点迁移到另一个边缘节点的过程。整个服务的执行状态、数据和运行环境都需要被迁移到目标节点，主要针对以下几种情景：当用户主动或者被动离开当前卫星覆盖范围，需要将服务迁移到可以覆盖用户当前位置的卫星节点；卫星的有效载荷并不能满足用户的需求，需要进行迁移，这种迁移与上层应用程序高度耦合，由上层应用程序调度；卫星网络拓扑变化可能导致网络传输路径和质量的变化，因此需要将部分或者全部服务迁移到合适的卫星节点；单个卫星节点的接入流量增加，或者卫星网络的节点拥塞，考虑到时延限制，需要将流经拥塞节点的服务迁移到合适的卫星节点[18]。可以将原有服务节点上部署的虚拟网络功能通过在线迁移或者重新实例化的方式，迁移到资源更加充足或者路径更加合理的新服务节点所在位置，然后按照新位置引导业务流量在新的服务路径传输，能够在一定程度上缓解负载不均衡和服务质量下降等问题[19]。

服务迁移的过程首先确定该服务是否需要进行迁移，满足服务迁移的条件；然后确定当前的卫星网络边缘节点的相关信息，包括节点的资源、状态以及无线信道的状态等是否适合进行服务迁移，根据卫星网络拓扑以及要迁移的服务类型来确定迁移决策，选定目标节点以及迁移路径；最后对原节点以及目标节点发出服务迁移指令，原节点将应用的数据和状态信息打包发送给目标节点。在服务迁移过程中，原节点继续向终端提供服务，当服务迁移完成之后，原节点释放资源，由目标节点开始提供服务。其中在做迁移决策时，首先确定迁移动作所带来的额外运用成本和开销，通常考虑的迁移成本包括在目标节点实例化所需要的成本和迁移路径产生的额外时延，通过保证连续性服务的前提，用最小化迁移成本来求解最优的迁移决策，即决定迁移路径和目标节点。在迁移决策中常基于马尔可夫决策过程（Markov decision process，MDP）来优化模型，MDP 的目标是通过在不同状态下选择最佳的动作，从而最大化累积奖励或者回报的期望值，策略是从状态到动作的映射，决定了不同状态下要选择的动作[20, 21]。如果服务始终在单个卫星节点上，则服务时延和质量会受到影响，但是如果迁移过多，也会造成巨大的流量开销。

为了实现在轨服务迁移，卫星计算卸载技术把计算任务从终端设备转移到边缘服务器或者云端，计算卸载主要考虑卸载的位置、卸载的任务量以及卸载方式，卸载的位置一般是卫星边缘节点或者是地面边缘节点，卸载的任务量分为完全卸载、部分卸载或者全部本地处理，卸载方式绝大多数是通过终端设备与边缘节点之间点对点传输来实现的。在卫星边缘计算下典型的任务卸载过程是用户终端生成计算任务，如果本地可以处理，则不需要计算卸载。反之，如果用户终端附近有可用的地面边缘节点，则卸载到地面边缘节点进行处理；如果没有可用的地面边缘节点，则卸载到卫星边缘节点进行处理；如果没有可用的地面边缘节点和卫星边缘节点，则将计算任务卸载到地面云数据中心进行处理。最后，将结果返回给用户终端。在单个用户情况下，计算卸载通常转化为最优化问题，优化目标通常考虑能耗、时延或者考虑能耗和时延的折中[22]。基于博弈论的计算卸载适用于计算卸载中多用户非合作博弈场景，将计算卸载优化模型建模为一个博弈问题，博弈论关注多用户在利益冲突时如何做出决策，多个参与者都结合其他参与者的决策情况，在迭代中不断调整自身决策使得自己的成本函数最小，通常是平均能耗与平均响应时间的加权和，最终达到所有参与者的最优策略即纳什均衡[23, 24]。此外还包括李雅普诺夫优化算法和基于智能学习的计算卸载方案[25]，李雅普诺夫优化算法是一种基于控制理论的优化方法，就是对动态系统建立队列模型，用于解决分布式系统中的资源分配和协调问题，主要的步骤是先为要解决的问题建立队列模型，把优化问题用数学公式表示；根据问题构建效用惩罚函数、计算李雅普诺夫偏移上界，加入惩罚因子；在保证队列稳定的前提下对最小惩罚项进行系统优化，每个节点根据自身的资源和任务要求，动态决定是否卸载任务到其他节点，不需要人为改变控制量，具有自动学习的能力。基于智能学习的计算卸载方案结合深度学习等技术，增强网络的灵活性和自主性，可以有效感知任务的计算量、数据通信量等，通过对任务进行优化调度，降低平均处理时延，通常选择任务的所有备选计算位置作为动作空间，以任务处理时延作为即时收益，用来优化决策策略，组成状态空间的信息包括任务的计算量、数据通信量、信道质量以及各卫星节点的通信和计算能力，对环境信息的收集越充分，学习的效果越好，但是信息收集也会以通信、时延和存储为代价[26]。

相比地面边缘计算框架，卫星边缘计算框架具有一些特殊性，主要是由于卫星环境的特殊性和卫星通信的要求，包括网络延迟、带宽的限制和能源限制等，在卫星边缘计算框架的设计中需要根据卫星通信的特殊要求进行设计，实现高效、可靠的卫星边缘计算框架。

1.3　卫星安全威胁

随着卫星技术的广泛应用和卫星数量的不断增加，卫星的安全威胁日益复杂和严峻。由于卫星边缘计算场景中存在大量异构终端，星地网络的互联也给卫星边缘计算带来了更多的安全威胁[27]。因此，本节首先探讨卫星网络面临的安全威胁，其次分析卫星边缘计算面临的安全威胁。

1.3.1　卫星网络的安全威胁

由于卫星所处环境的特殊性以及卫星通信系统自身的特点，卫星通信系统更容易受到外界的攻击。卫星网络依靠卫星节点进行信号的接收和发射，以实现数据的传递和转发，是卫星通信系统的核心部分。与地面网络相比，卫星网络的弱点使得其在安全性方面面临更大的挑战。首先，卫星节点的运行环境面临诸多复杂因素，包括带电粒子的辐射、太阳活动、降雨等各种自然现象都会对卫星通信产生一定的干扰。其次，由于卫星节点的运行环境暴露且信道开放，以及卫星的位置数据等可以根据星历表得到，卫星在太空中缺乏相关的物理保护，当存在攻击方有意攻击或者空间碎片的撞击时，会对卫星造成很大的影响并更加容易受到人为干扰等。再次，基于发射成本和能量供给的限制，卫星的计算能力和存储能力都受到了较大的限制，使得复杂安全协议在卫星网络中也难以应用。同时，攻击方可以消耗卫星上的有限资源，使得卫星系统瘫痪。最后，卫星节点的维护较困难，在轨硬件设备的更新升级几乎是不可能的，且卫星在运行中遇到硬件故障时，也很难进行修复。

从威胁对象的角度分析，卫星安全威胁分为卫星物理安全威胁、卫星通信链路安全威胁以及卫星网络安全威胁。下面，对上述安全威胁进行详细介绍。

1. 卫星物理安全威胁

卫星所受到的物理安全威胁主要是指卫星通信系统中的基础设施遭受物理威胁和损害的攻击。卫星通信系统中的基础设施包含空间段的卫星、地面站、用户终端。由于卫星所处环境的特殊性和复杂性，这些威胁可能包括但不限于：空间环境的干扰、人为物理手段攻击、频段和轨道资源的抢占，以及其他形式的攻击。

1）空间环境的干扰

首先，LEO卫星的空间段处于地球辐射带、太阳宇宙线、银河宇宙线、等离子体等带电粒子辐射环境中。地球辐射带是地球周围存在大量高能带电粒子的辐射带；太阳宇宙线是太阳高能粒子，主要成分包括质子和电子以及少量的核成分；银河宇宙线是来自银河系和河外星系的高能带电粒子，比如黑洞活动等，这些高能带电粒子在宇宙中以光速传播，有时会进入太阳系与行星和恒星互相作用。通常情况下这些粒子肉眼不可见，但其具有很高的能量。这些高能带电粒子会与卫星的电子器件互相作用引起单粒子效应，也就是在卫星的电子器件内部产生电离辐射效应，生成电子-空穴对，这可能会造成电路的瞬时中断、逻辑器件状态的改变，甚至对器件以及集成电路造成永久性的损坏[28]。单粒子效应会造成卫星上的电子设备出现软错误和硬错误，软错误通常是指单粒子翻转、单粒子锁定、单粒子瞬态脉冲等，是由辐射或者电磁脉冲引起的错误，可以通过对器件复位使其恢复；硬错误是指设备或者电路中的一个或多个元件的永久性损坏，比如单粒子烧毁和单粒子栅击穿，导致数据丢失，即使在电源重置之后，设备仍然无法正常工作[29]。这些高能带电粒子与卫星所用的电子元器件以及材料之间通过电离作用和原子位移作用可以对物质内部分子结构造成损害，不仅会加快卫星材料的退化，也会使得电子器件性能下降甚至损坏，比如降低太阳能电池的输出功率[30]，高能带电粒子对卫星造成的辐射损坏是一个不断累积的过程，受到辐射量和辐射时间的影响。

其次，卫星受到太阳活动的影响较大，太阳活动包括太阳黑子爆发、太阳耀斑、日冕物质抛射等。太阳黑子爆发是太阳黑子区域内发生的一种强烈的太阳活动现象。磁场线扭曲并交织在一起，形成了磁场能量的积累和释放区域。当这些磁场能量达到一定程度时，就会引发太阳黑子爆发。太阳黑子爆发会释放大量的能量和物质，通常伴随着太阳耀斑和日冕物质抛射等现象。太阳耀斑是太阳表面突然发生的能量释放，导致太阳表面温度升高并发射各种电磁辐射。日冕物质抛射也是太阳释放能量的一种现象，是太阳日冕的等离子体在磁力线的作用下喷发的大规模的等离子体团，其与太阳耀斑活动紧密相关。太阳活动会释放大量的能量和带电粒子，对卫星通信系统造成多方面的影响，这些高能带电粒子可能会导致卫星上的电子元器件损坏或者故障，影响通信设备的正常使用；也可能会干扰卫星通信信号，造成通信中断或者信号质量下降，影响通信的稳定性和可靠性。

再次，卫星通信的电磁波产生于电波传输过程中，降雨对卫星通信系统的影响是一个不可忽视的因素，它会显著影响通信质量和稳定性。发生降雨时，水滴会对电磁波产生多种影响，主要包括散射、吸收和衰减等，可能引起通信质量下降甚至中断。电磁波遇到水滴时会发生散射现象，一部分电磁波被水滴吸收，另一部分被散射到其他方向，使信号传输路径变得不稳定。特别是在较高频率的微波信号中，这种散射效应更为显著，直接影响信号的传输质量。电磁波穿过降雨区域，部分能量将被水滴吸收，导致信号衰减。这种吸收效应会使接收信号的强度下降，从而影响通信系统的性能。水滴对电磁波的吸收和散射也会造成大范围的电磁波干扰，对电磁波产生极化效应，从而降低通信链路的可靠性，影响卫星通信的性能。

最后，每年春分和秋分前后，太阳穿过赤道而发出强大电磁辐射的日凌现象，这段时间太阳位于地球赤道上空，当卫星在太阳和地球中间时，太阳产生的电磁波会投射在地面站天线上。太阳释放的电磁波包括可见光、紫外线、红外线等多种波长和频率的电磁辐射，这些不同频率的电磁波构成了太阳的辐射谱，因此会对卫星下行的信号产生强烈的干扰，使得卫星通信暂时中断，这种现象被称为日凌中断，如图 1.4 所示。同时卫星受到日凌干扰的时间与接收信号的地区所处的纬度以及接收天线的特性也有很大的关系，一般来说，接收信号的地面站所处纬度越高，日凌中断就会越早发生，同时也会越早结束。

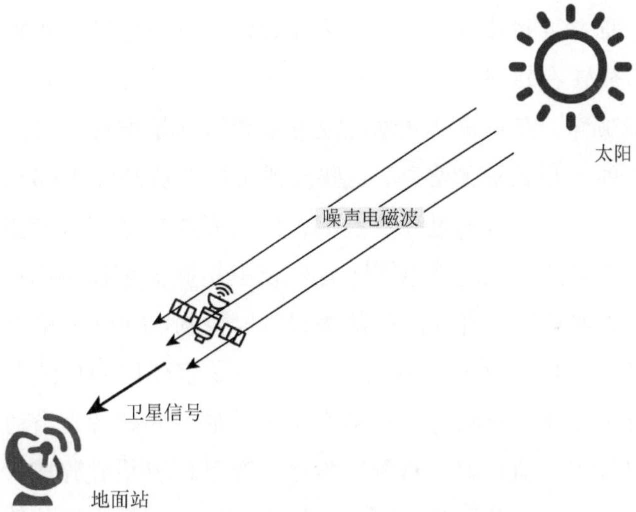

图 1.4　日凌中断示意图

2）人为物理手段攻击

现阶段，卫星在通信、导航、军事和国防等各个领域发挥的作用日益凸显。各国政府和大型商业机构竞相投入卫星通信、地球观测、遥感等领域，力求提供更加先进和全面的卫星服务，努力打造自己在卫星领域的竞争优势。各国为提升自己在太空领域中的竞争力，积极提升卫星导航、通信、军事用途等领域的能力，力图在太空领域取得战略优势地位。卫星作为国家安全、信息传输等方面的关键资源，已经成为国家综合实力和影响力的重要象征，各国间的卫星竞争也愈发激烈。各国为了维护自身的军事安全和战略利益，也在研究和发展各种反卫星技术，旨在提高自身的太空作战能力，以获取军事优势。卫星所处的轨道数据以及实时位置通常情况下均为公开数据，或者可以通过雷达、侦察卫星等观测得到，极其容易受到攻击方各种反太空武器的物理攻击。目前卫星在太空中会以许多不同的方式受到反卫星武器的攻击，所谓反卫星武器主要指用于摧毁、干扰或削弱敌方卫星能力的武器系统，旨在直接攻击并破坏敌方的卫星设备，实现战略军事目的。反卫星武器是伴随着人造卫星的诞生而出现的。反卫星武器对卫星通信系统的物理威胁可以分为两类：动能物理威胁和非动能物理威胁。

动能物理威胁利用反卫星武器在太空中物理摧毁卫星，其中，动能物理反卫星武器包括共轨式和直升式两种。共轨式动能物理反卫星武器是指被放置在轨道上靠近目标并通过直接碰撞、碎片或者使用机械臂等方式来攻击目标的武器，可以提前放置在轨道上，处于待机的状态，在需要时随时激活对轨道上的目标卫星造成破坏。直升式动能物理反卫星武器则是指通过地面或空中发射可以摧毁轨道上的卫星目标的导弹，这些导弹可以到达超过 100km 的高空中，直接击中卫星目标，也可以通过弹头在大范围内爆炸来摧毁或者损坏航天器，这是最容易、最简单的反卫星武器[31]。这些反卫星武器可以利用在地面、海面以及空中的发射系统，较为容易进行部署和发射控制，LEO 卫星更加容易受到直升式动能物理反卫星武器的攻击。然而，不可重复使用的传统动能物理反卫星武器具有较高的成本，且执行过程会产生大量的空间碎片。当动能物理反卫星武器成功与目标卫星碰撞时，这种碰撞会导致目标卫星破碎成大量碎片，并呈现不同的大小和速度，从数毫米到几十厘米不等，并且它们的速度非常快，可以达到数千米每小时甚至更高的速度。这些空间碎片对太空活动和卫星运行构成了严重威胁。由于速度极快，即使是很小的碎片也可能对其他卫星造成严重损坏，甚至摧毁卫星。空间碎片还会给其他卫星、航天器以及国际空间站等太空设施带来潜在的风险，增加太空活动的复杂性和危险性，带来一系列不可控和不可逆的连锁反应。

非动能物理威胁是指在不实际接触卫星的情况下对卫星产生物理影响的威胁[32]。其通常使用高功率的激光或者是微波来破坏卫星的传感器，通常会对卫星上的转发器、电源等设备造成损坏，或者使用低功率的激光使得目标卫星暂时“致盲”，导致卫星无法提供连续服务。这种武器的优势在于在对卫星的攻击过程中不会产生碎片[33]，可以以更快的速度攻击目标卫星。

以上提到的反卫星武器攻击都是地对天攻击，除此之外，还有天对天攻击[34]，攻击方也可以将另一颗卫星、航天器等送入轨道，通过卫星对接、卫星拦截或者劫持等方式，在太空中捕获目标卫星，改变目标卫星的姿态或者使卫星脱离轨道，导致整个卫星星座无法提供连续服务，甚至直接高速碰撞目标卫星，以实现动能或者非动能反卫星武器的效果。

3）频段和轨道资源的抢占

依据国际规范，特别是《外层空间条约》（*Outer Space Treaty*）（全称为《关于各国探测及使用外层空间包括月球与其他天体活动所应遵守原则的条约》）等相关国际法文件，各国均享有和平探索和利用外太空的权利。根据国际电信联盟（International Telecommunication Union，ITU）的规定，轨道资源主要按照“先到先得”的原则进行分配。这一原则在国际卫星通信和无线电频谱资源的分配中尤为重要。具体来说，各国或实体在发射卫星并申请使用特定轨道和频段时，需要向 ITU 提交申请，并遵守 ITU 制定的相关规则和标准。如果某一轨道或频段尚未被其他国家或实体占用，那么最先提交有效申请的国家或实体将有权获得该资源的使用权[33]。

伴随着各国对通信、导航和遥感等卫星应用需求的不断增长和依赖，以及卫星应用领域的不断扩展，频段和轨道资源成为了世界各国必争的一种宝贵的战略资源。卫星的频段和轨道属于不可再生资源，因此供应和需求之间的矛盾较大。卫星的频段指的是卫星在无线电频谱中使用的特定频段。这些频段用于卫星与地面之间的互相通信，传输数据、图像、声音等信息。卫星的频段非常重要，它们决定了卫星系统的通信性能、覆盖范围和数据传输速率等关键参数。不同的频段传输过程中的损耗不同，卫星通信主要工作在微波频段，其频率范围为1～40GHz，其中常用的频段包括 L、S、C、Ku、Ka 频段等。随着部署的卫星数量的激增，卫星的频段资源已经变得十分紧张，并且全球范围内，卫星的轨道资源被快速占用，因此也导致卫星频率重叠，出现信号干扰的可能性变得更大。目前越来越多的国家商业部署 LEO 卫星互联网，但是适用于 LEO 卫星的轨道和频段资源有限，LEO 卫星互联网需要多颗卫星来维持一个完整的网络来提供卫星通信服务，当卫星星座中有卫星失效时，需要发射新的卫星来代替失效卫星并补充卫星网络，这样就会一直占据着频段和轨道资源[35]，进一步造成了卫星资源的拥挤和竞争，这意味着只有少数的卫星能够获取到适当频段和轨道资源，其他卫星会受到限制或者无法顺利部署。随着太空变得越来越拥挤，在轨航天器的安全运行受到了威胁，例如，2009 年美国铱星与俄罗斯的一颗气象卫星发生在轨碰撞事件，这次事件发生在近地轨道，是太空中首次发生的完整的在轨卫星相互碰撞事件，引起了全球人民的关注和热议。

前文所描述的都是卫星通信系统空间段所面临的物理安全威胁，除此之外，还包括对地面段的物理攻击。对地面段的物理攻击主要是对地面站和测控站的各种设备的硬攻击，或者攻击方到达地面站和测控站实施破坏。攻击方可能试图摧毁或损坏卫星地面站的天线，从而干扰或中断卫星通信；可能会切断卫星地面站的电力供应，影响卫星地面站的正常运行；也破坏卫星地面站的通信设备，例如调制解调器、天线控制器等；还可能会对卫星地面站的基础设施实施破坏，导致整个卫星网络崩溃，用户无法正常使用卫星通信服务。对测控站的攻击会导致地面站对通信卫星的失控，严重情况下导致卫星偏离轨道甚至损坏，影响整个卫星通信系统的正常运行。

2. 卫星通信链路安全威胁

卫星信号在无线信道传输过程中，由于无线信道的开放性，会受到多种安全威胁，此类威胁主要来源于在传输过程中可能遭受的干扰、窃听、篡改、重访攻击等恶意行为。卫星通信链路容易受到各种自然和人为的干扰。自然干扰主要是指卫星通信过程中通信链路所处环境中的各种自然现象，比如雷电、降雨、电离层等产生的干扰。雷电活动会产生强大的电磁场，导致无线信号的传输受到干扰甚至中断；电离层中的带电粒子会对无线信号的传播产生影响，引起多路径传播、信号衰减等问题，影响通信质量；大气中的湿度、温度等因素也可能对无线信号的传输造成干扰，影响信号的传播距离和速率；同时，地球自转也会导致卫星和地面站之间的相对速度不断变化，根据多普勒效应，会导致信号频率的变化。当卫星向地面站接近时，信号频率会增加；而当卫星远离地面站时，信号频率会减小。因此，地球自转会导致信号频率的偏移，需要在通信系统中进行补偿。

卫星通信链路面临的人为干扰指的是攻击方通过各种方式来对卫星通信的信号进行干扰，主要可以分为欺骗式干扰和压制式干扰。欺骗式干扰主要是指通过伪造出与真实信号相似的信号来对真实信号进行混淆，使得用户终端做出错误的判断。欺骗式干扰需要对卫星信号的编码方式有一定的了解，其特点是抗干扰性能好，隐蔽性高，不易被用户终端发现。压制式干扰主要是指释放与无线信道中的信号相同频率的大功率噪声，使得信号的信噪比和可用性降低。压制式干扰的特点是操作比较简单、容易实现、干扰范围广并且干扰的效果明显。

对于卫星通信的信号窃听也是一种常见的卫星通信链路安全威胁，属于被动攻击。卫星通信的信号窃听指的是在未经授权或许可的情况下，对卫星通信系统传输的信号进行监听和获取信息的行为。这种行为可能涉及窃取敏感信息、侵犯隐私、进行间谍活动等。卫星通信的信号窃听通常需要使用专门的接收设备来截取卫星传输的信号，然后进行解码或解密以获取通信内容。卫星通信的优势在于覆盖范围广，在其所覆盖的区域内进行大范围的广播，但是由于卫星通信网络的用户链路、星间链路以及馈电链路的无线通信的开放性，因此使得对卫星通信数据的窃听变得极其容易。尤其是对于早期的一些卫星，其加密技术较为简单，是数据窃听的主要攻击对象之一。这些系统容易受到攻击方的窃听行为，因为缺乏足够的安全保障措施来防止数据被非法获取。例如攻击方可以使用类似于计算机网卡的“卫星数据接收卡”来实施数据的窃取，成本较低；也可以利用一些厂家废弃的退役设备实施窃听[35]。对商用卫星通信信号实施窃听可以得知用户的身份、位置等用户隐私，导致企业经济损失和竞争劣势，而对军事、国家等重要通信数据的窃听，会泄露国家情报和机密[36]，对国家安全造成威胁。

重放攻击是卫星通信链路面临的一种重大安全威胁，包括攻击方在内的未经授权访问的人捕获流量将通信信号发送到其原始目的地，充当原始发送者。接收方认为这是经过身份验证的消息，但实际上是攻击方发送的消息。重放攻击的主要特征是客户端会收到两次消息，因此得名重放攻击。重播的信号与真实的信号在结构上是相同的，在一段时间之后将该信号进行重播，可能导致卫星执行重复指令，从而引起严重问题，如卫星偏离预定轨道或天线指向错误[37]。与压制式干扰相比，重放攻击的卫星信号功率与真实的卫星信号功率几乎相同，因此可以节约功率。这种攻击方式可能会导致接收设备无法区分真实信号和恶意重播的信号，从而造成对卫星通信系统或导航系统的干扰和破坏。在卫星导航中，当卫星接收机接收攻击方重播的卫星信号并处理后，就会输出错误的定位结果甚至定位失败，这种情况会对用户造成严重的安全风险，特别是在导航和定位关键应用中，比如航空航行、海上航行和车辆导航。导航设备计算出的位置信息可能会严重偏离真实位置，从而对用户造成误导，甚至造成事故。定位失败也会导致用户无法准确确认自身位置，对于紧急救援等关键场景将产生严重影响。

3. 卫星网络安全威胁

卫星网络安全威胁主要包括非授权访问、身份冒充、拒绝服务攻击、内部攻击等。

非授权访问就是指没有被授权的用户通过假冒其他合法用户的方式对网络节点进行访问，对卫星节点和系统进行违法操作，可能会控制整个卫星架构，指挥在轨卫星，对媒体广播和互联网数据进行攻击。

身份冒充就是指非法用户伪装成一个合法用户来获取卫星通信系统的访问权限或者是窃取敏感信息；攻击方也可以伪装成卫星网络，诱导合法用户访问卫星网络，获取相关的用户身份信息和位置信息等隐私；攻击方还可以伪装成同一轨道或者不同轨道上的相邻卫星，诱导目标卫星与其建立星间链路，从而获取星间链路传输的相关数据。为防止非法用户轻松访问卫星服务，可以在卫星网络中实施用户身份认证机制，确保只有经过授权的用户才能访问卫星服务。

拒绝服务（denial of service，DoS）攻击就是指攻击方频繁地向卫星发起接入请求，发送大量的虚假信息，消耗卫星的信道资源，卫星需要花费大量的计算资源来处理这些虚假信息，由于卫星处理能力有限，合法用户无法访问他们在正常情况下有权访问的服务。其攻击目的是消耗卫星的资源，入侵者可能通过发送一些特殊数据包，每个数据包处理过程都会分配一定的内存资源，从而消耗目标卫星的大量内存和磁盘空间，如果数据包的验证涉及计算密集型操作可能还会影响CPU利用率，此外，攻击方还可能通过生成大量伪造的数据包来完全消耗可用的带宽[38]。虽然这种拒绝服务攻击可以针对网络中的任何节点发起，但是卫星网络更加容易受到这种攻击，因为卫星是单点故障，如果执行过多的计算操作，很容易造成卫星网络的瘫痪[39]。此外，分布式拒绝服务攻击是指攻击方利用多台设备同时向目标卫星发送大量数据流量，以超过系统处理能力的方式，使目标卫星无法正常提供服务或响应合法用户请求的一种攻击手段。卫星网络作为一种关键的通信基础设施，可能面临多种拒绝服务攻击/分布式拒绝服务攻击[40]。

卫星网络恶意的内部攻击也会给卫星网络带来巨大的安全威胁。内部攻击指的是卫星网络中的正常节点被恶意节点劫持和篡改，然后以合法身份重新进入网络。

恶意节点可以利用内部权限和信任关系，在卫星网络内部发动各种攻击，包括但不限于黑洞攻击、灰洞攻击、数据篡改、信息窃取等。这种内部攻击比外部攻击更具隐蔽性和危险性，因为攻击方可以绕过外部防御措施，直接从内部对网络进行破坏，并且加密技术中的密钥无法进入到加密的卫星网络中，无法解决卫星网络的内部攻击问题[41]。所谓黑洞攻击就是攻击方通过控制网络中的一个或多个节点，使得经过这些节点的数据包被截获并丢弃，而不是被正常转发到目的地。这种攻击会导致网络通信中断或数据丢失，从而影响网络服务的可用性和可靠性。在黑洞攻击中，攻击方使网络中的节点截获并丢弃所有经过的数据包，导致通信完全中断。而在灰洞攻击中，攻击方选择性地丢弃某些数据包，而不是全部。这意味着网络通信并没有完全被阻断，但是部分数据流受到影响，导致网络服务质量下降。

除此之外，目前许多商业卫星缺乏网络安全标准，再加上卫星供应链涉及卫星从设计、制造、发射到运营过程中多个环节和众多参与方，这个供应链通常包括卫星制造商、零部件供应商、软件开发商、发射服务提供商、地面站运营商以及最终用户等多个组成部分。为了尽可能降低卫星的成本，卫星制造商倾向于采用现有技术和广泛可用的组件，这给攻击方分析卫星的安全漏洞提供了更多的可能性[35]。黑客也可能恶意控制卫星，通过非法手段获取对卫星的控制权，从而可能对卫星的通信、导航或其他关键功能进行干扰或破坏的行为。在卫星制造和部署过程中，通过供应链中的弱点植入恶意组件或代码，为未来的攻击留下漏洞；通过网络攻击手段，如钓鱼邮件、漏洞利用等，入侵卫星的控制系统，获取对卫星的直接控制权。地面站面临的威胁与传统的计算机网络安全威胁相似，攻击方可能会通过渗透入侵地面站和测控站的内部网络来窃取敏感信息、篡改数据或发送恶意指令来控制卫星，这对卫星通信系统的安全性和稳定性构成了严重威胁。

1.3.2 卫星边缘计算的安全威胁

卫星边缘计算作为一种新兴的计算模式，将计算能力从地面数据中心扩展到卫星网络边缘，以支持对低延迟、高可靠性和实时数据处理的需求。然而，随着卫星边缘计算的发展和应用，其安全威胁问题也日益凸显。本节主要从卫星边缘计算中的网络安全威胁、数据安全威胁和用户终端安全威胁三方面进行阐述。

首先，与传统的云数据中心相比，卫星节点的计算能力和存储能力受到更大限制。由于卫星对载荷重量和能源消耗受限，卫星上部署的边缘计算服务器，需要在有限的资源下平衡在轨处理、存储和通信等需求，这增加了部署复杂安全系统的难度。这为潜在的攻击方提供了更多的机会和动机，使其更容易成为攻击目标。攻击方可能会利用在轨计算载荷实施各种安全攻击，例如针对性的恶意软件、拒绝服务攻击、数据篡改等。这些攻击可能会对卫星边缘节点造成严重影响，甚至危及整个卫星系统的稳定性和安全性[42]。由于卫星节点具有的高度移动性，使得数据传输路径不断变化，增加了数据传输的复杂性；边缘计算技术的引入进一步加剧了网络拓扑的复杂性，使得整个网络结构更加庞大且错综复杂。在这样的环境下，现有的网络安全防护方法显然要面临挑战，很难有效应对卫星边缘计算架构中存在的各种安全威胁。在卫星边缘计算网络中，由于数据量庞大且网络结构复杂，DoS 可能会更为猖獗，恶意节点的存在也会给网络安全带来了新的挑战。卫星边缘计算网络的复杂性使得监测和消除这些节点变得更加困难，容易造成严重的安全漏洞，单个卫星节点的失控可能也会导致卫星网络受到影响。卫星节点之间的相对位置的不断变化会导致链路的中断和重新建立，在此过程中，可能存在未经授权的卫星访问卫星边缘计算网络并发起内部攻击。海量的终端设备往往具有不同的操作系统、通信协议和技术标准，这种异构性导致各种终端设备之间以及设备与网络之间的兼容性问题，增加了设计统一安全保护机制的难度。

其次，由于卫星边缘计算节点涉及大量数据收集、处理、传输和存储步骤，在这些过程应保证数据的机密性、完整性和可用性。虽然卫星边缘计算可以将采集到的数据本地处理，但在轨处理数据仍可能被攻击方窃取或篡改。如果数据传输通道没有经过加密保护，那么黑客可以轻易地拦截数据流量，并获取其中的敏感信息。卫星边缘计算中还存在着其他潜在的数据安全风险。比如，在数据处理过程中会涉及多颗卫星之间的数据协作计算以及多个数据库之间的数据共享，这就意味着数据可能会被多个实体访问和处理。如果没有建立起严格的访问控制和身份验证机制，就有可能导致未经授权的实体获取到数据并造成泄露。同时，卫星边缘计算节点缺少传统的云数据中心通常使用的物理安全保护措施，攻击方只需要从边缘计算资源中删除磁盘就可以损坏整个数据库，由于卫星边缘计算节点的存储资源有限，节点可能无法存储完整的数据备份，这意味着一旦发生数据丢失或损坏事件，可能没有备份数据来恢复服务[43]。另外，卫星边缘计算还需要考虑计算任务在多个卫星边缘计算节点和云数据中心之间的安全卸载问题，在卸载过程中，卫星边缘计算节点与卸载卫星节点之间并不是相对静止的，因此可能存在多种情况，比如卸载卫星或者地面数据中心的无线信道被其他卫星占用或者恶意占用，则可能卸载失败或者数据传输时间长，卸载卫星节点和云数据中心需要很长时间才能为该卫星提供服务，对于实时性要求较高的应用和服务而言应该尽可能避免此类攻击。

最后，卫星边缘计算的用户终端也存在安全威胁，由于用户终端设备通常部署在偏远或难以监控的地区，它们容易受到物理攻击，如盗窃、破坏或未经授权的访问。鉴于其有限的计算和存储能力，在执行复杂的安全算法和维护大量安全数据方面可能存在困难。这使得终端设备更容易受到恶意软件和网络攻击的影响，如病毒、木马、勒索软件等。攻击方可能会尝试直接接触设备，以获取敏感数据或破坏设备的正常运行。随着 IoT 的发展，将卫星边缘计算与物联网结合已成为一种趋势，在卫星 IoT 的背景下，物联网设备通常是低功耗数据设备，具有较小的处理能力和传输能力，主要负责数据的采集与共享，而不涉及复杂的处理过程或接收命令。由于这些设备易于被访问，它们很容易成为恶意攻击的目标，导致数据泄露和安全漏洞的产生。例如在卫星物联网背景下，物联网设备本身是低功耗数据设备，具有较弱的处理能力和传输能力，一般只负责收集和共享数据，而不负责运行复杂的进程和接收命令；易于访问的特性使其很容易成为恶意攻击的对象导致数据泄露；终端设备数量众多并且分布广泛，用户往往难以全面监控和了解设备的运行状态，比如无法准确判断设备是否关闭或者受损，因此，当攻击方对终端设备进行攻击时，大多数用户可能无法识别。

参 考 文 献

[1] 苗青，蒋照菁，王闯. 下一代铱系统发展现状与分析[J]. 数字通信世界，2019（7）：21-22, 47.

[2] Luntovskyy A. Challenges of 5G and beyond mobile radio networks[C]//2022 24th International Microwave and Radar Conference（MIKON），2022：1-6.

[3] Kohnstamm T. Everything you need to know about Project Kuiper，Amazon’s satellite broadband network[EB/OL].（2024-10-03）[2024-10-21]. https://www.aboutamazon.com/news/innovation-at-amazon/what-is-amazon-project- kuiper.

[4] Spadafora A. Amazon Project Kuiper：Everything you need to know about Amazon's satellite internet service[EB/OL].（2024-10-18）[2024-10-21]. https://www.tomsguide.com/news/what-is-project-kuiper.
[5] Amazon Staff. The latest updates from Project Kuiper's satellite test mission[EB/OL].（2024-03-23）[2024-08-16]. https://www.aboutamazon.com/news/innovation-at-amazon/amazon-project-kuiper-latest-updates.
[6] Wang F，Jiang D D，Qi S，et al. A dynamic resource scheduling scheme in edge computing satellite networks[J]. Mobile Networks and Applications，2021，26（2）：597-608.
[7] 张雨茹. 低轨卫星网络边缘计算任务卸载策略研究[D]. 西安：西安电子科技大学，2022.
[8] 张馨元，刘江，张然，等. 卫星协同的天地一体化边缘计算网络架构[J]. 无线电通信技术，2022，48（3）：394-400.
[9] Deng P，Gong X Y，Que X. A bandwidth-aware service migration method in LEO satellite edge computing network[J]. Computer Communications，2023，200：104-112.
[10] 唐琴琴，刘旭，张亚生，等. 边缘计算在星地协同网络中的应用探讨[J]. 电信科学，2019，35（S2）：227-233.
[11] 唐琴琴，谢人超，刘旭，等. 融合 MEC 的星地协同网络：架构、关键技术与挑战[J]. 通信学报，2020，41（4）：162-181.
[12] Qiu C，Yao H，Yu F R，et al. Deep Q-learning aided networking，caching，and computing resources allocation in software-defined satellite-terrestrial networks[J]. IEEE Transactions on Vehicular Technology，2019，68（6）：5871-5883.
[13] Li C C，Zhang Y S，Xie R C，et al. Integrating edge computing into low earth orbit satellite networks：Architecture and prototype[J]. IEEE Access，2021，9：39126-39137.
[14] Zhang L Y，Wu S H，Lv X Y，et al. A two-step handover strategy for GEO/LEO heterogeneous satellite networks based on multi-attribute decision making[J]. Electronics 2022，11（5）：795.
[15] 沈学民，承楠，周海波，等. 空天地一体化网络技术：探索与展望[J]. 物联网学报，2020，4（3）：3-19.
[16] 满兴源. 面向 5G 星地融合网络的缓存与接入策略研究[D]. 北京：北京邮电大学，2021.
[17] Qiu J Y，Zhang H，Zhou L，et al. A reinforcement learning based resource access strategy for satellite-terrestrial integrated networks[C]//Machine Learning and Intelligent Communication（MLICOM 2022），2023：97-107.
[18] Han H，Wang H P，Cao S Z. Space edge cloud enabling service migration for on-orbit service[C]//2020 12th International Conference on Communication Software and Networks（ICCSN），2020：233-239.
[19] 乔文欣，卢皓，李雄伟，等. 一种星地融合网络动态服务迁移重构方法[J]. 无线电工程，

2022，52（5）：756-765.
[20] Li Z，Jiang C X，Lu J H. Distributed service migration in satellite mobile edge computing[C]//2021 IEEE Global Communications Conference（GLOBECOM），2021：1-6.
[21] Gao Y，Fang H，Zhao Y，et al. A satellite edge network service function chain deployment method based on natural gradient actor-critic reinforcement learning[J]. Journal of Electronics & Information Technology，2023，45（2）：455-463.
[22] 冯彤. 面向低轨卫星的移动边缘计算卸载策略研究[D]. 桂林：桂林电子科技大学，2021.
[23] 罗志勇，黄澳，孙韶辉，等. 天地融合网络中基于博弈论的分布式卸载算法研究[J]. 无线电通信技术，2021，47（6）：740-745.
[24] Wang H Y，Wang H L，An J W. Dynamic game-based computation offloading and resource allocation in LEO-multiaccess edge computing[J]. Wireless Communications and Mobile Computing，2021，2：13.
[25] 高媛，方海，赵扬，等. 星地协同网络中的边缘计算技术综述[J]. 空间电子技术，2023，20（2）：15-21.
[26] 唐斯琪，潘志松，胡谷雨，等. 深度强化学习在天基信息网络中的应用：现状与前景[J]. 系统工程与电子技术，2023，45（3）：886-901.
[27] 郑威，王榕，海涵，等. 边缘计算应用安全风险及应对举措研究[J]. 通信世界，2021，（21）：37-39.
[28] Dodd P E，Massengill L W. Basic mechanisms and modeling of single-event upset in digital microelectronics[J]. IEEE Transactions on Nuclear Science，2003，50（3）：583-602.
[29] Munteanu D，Autran J L. Modeling and simulation of single-event effects in digital devices and ICs[J]. IEEE Transactions on Nuclear Science，2008，55（4）：1854-1878.
[30] 中国载人航天系统管理员. 高能带电粒子对航天活动的影响[EB/OL].（2012-06-28）[2024-09-22]. https:// www.cmse.gov.cn/fxrw/tgyhyszjh/kpzs/201206/t20120628_23339.html.
[31] Bongers A，Torres J L. Star wars：Anti-satellite weapons and orbital debris[J]. Defence and Peace Economics，2024，35（7）：1-24.
[32] Mayfield M. Just in：Anti-satellite threats increasing globally[EB/OL].（2020-03-30）[2024-09-22]. https://www.nationaldefensemagazine.org/articles/2020/3/30/anti-satellite-threats-increasing-globally.
[33] Kawthalkar A，Shah M，Prachchhak I. Modeling and simulation of a direct-ascent anti-satellite missile using Kerbal Space Program（KSP）[J]. Aerospace Systems，2022，5：285-299.
[34] Egeli S. Space-to-space warfare and proximity operations：The impact on nuclear command，control，and communications and strategic stability[J]. Journal for Peace and Nuclear Disarmament，2021，4（1）：116-140.
[35] Cao H，Wu L L，Chen Y，et al. Analysis on the security of satellite internet[C]//Cyber Security

（CNCERT 2020），2021：193-205.

[36] 贾铁燕，崔宁. 对卫星通信系统的星地一体对抗技术初探[J]. 航天电子对抗，2019，35（5）：28-31.

[37] 韩帅，李季蹊，李静涛. 卫星地面融合网络的窃听威胁与物理层安全解决方案[J]. 中兴通讯技术，2021，27（5）：43-47.

[38] Onen M，Molva R. Denial of service prevention in satellite networks[C]//2004 IEEE International Conference on Communications（IEEE Cat. No.04CH37577），2004：4387-4391.

[39] Roy-Chowdhury A，Baras J S，Hadjitheodosiou M，et al. Security issues in hybrid networks with a satellite component[J]. IEEE Wireless Communications，2005，12（6）：50-61.

[40] Usman M，Qaraqe M，Asghar M R，et al. Mitigating distributed denial of service attacks in satellite networks[J]. Transactions on Emerging Telecommunications Technologies，2020，31（6）：e3936.

[41] Li H，Shi D C，Wang W Z，et al. Secure routing for LEO satellite network survivability[J]. Computer Networks，2022，211：109011.

[42] Xiao Y，Jia Y，Liu C，et al. Edge computing security：Tate of the art and challenges[J]. Proceedings of the IEEE，2019，107（8）：1608-1631.

[43] Nolle T. Edge computing security risks and how to overcome them[EB/OL].（2021-11-08）[2024-09-22]. https://www.techtarget.com/iotagenda/tip/Edge-computing-security-risks-and-how-to-overcome-them.

第2章 相关密码理论与安全技术

为了实现后续卫星数据安全保护算法的设计，本章首先介绍多种常用的密码技术，其次介绍多种常用的数据结构，最后介绍相关安全技术。

2.1 同态加密算法

同态加密技术是安全多方计算领域的一个重要组成部分，不仅可以实现数据加密，同时也可以实现直接在密文上的计算。同态加密技术使得参与方能够对加密后的数据执行特定的运算，例如加法或者乘法运算，而这些运算的结果在解密后与直接对原始数据执行相同运算的结果一致，假设 $E(\cdot)$表示加密操作，对两个元素 m_1 和 m_2，加法同态加密即 $E(m_1)+E(m_2)=E(m_1+m_2)$，乘法同态加密即 $E(m_1)\times E(m_2)=E(m_1\times m_2)$。这意味着，即使数据在整个计算过程中始终保持加密状态，参与方也能够获得正确的计算结果，同时确保了数据的隐私性和安全性。Rivest 等[1]最早提出同态加密的概念，随着时间的推移，研究者们不断探索和发展同态加密技术，在理论和实践上取得了重要进展，使得同态加密成为了当今密码学和安全计算领域的重要研究方向之一。同态加密的实现具有多种方案，例如部分同态加密（partially homomorphic encryption）和全同态加密（fully homomorphic encryption）。部分同态加密是指该加密方案只支持加法同态加密或者乘法同态加密，而全同态加密是指该加密方案同时支持加法同态加密和乘法同态加密。

现有的同态加密算法中，绝大多数都是基于非对称加密算法。非对称加密就是指存在公钥和私钥两个密钥，其中公钥用于加密数据，而私钥用于解密数据。例如 Paillier 加密协议[2]和 ElGamal 同态加密协议[3]均为广泛使用的基于非对称加密的同态加密算法，其中 Paillier 加密协议支持加法同态性，即可以在密文上直接进行加法运算而不需要解密，而 ElGamal 同态加密协议支持乘法同态性，可以在密文上执行乘法操作，解密后的结果与在明文上执行相同操作的结果相同。由于现有的同态密码机制绝大多数都是基于非对称加密的，这些方案的计算效率通常较低，在进行同态计算时，需要对加密数据进行多次运算和解密操作，这会增加计算时间和开销，因此研究人员一直在探索更加高效的同态加密方案。

为了实现后续卫星数据安全保护算法的设计，本节介绍几个常用的同态加密算法，其中包括对称同态加密（symmetric homomorphic encryption，SHE）算法、安全矩阵加密（secure matrix encryption，SME）算法和 BFV 方案。

2.1.1 SHE 算法

SHE 密码协议是一种高效的对称同态加密方案[4]，所谓对称同态加密就是指在加密过程和解密过程中使用同一个密钥的方案，并且 SHE 密码协议同时满足加法和乘法运算，它为构建各种安全计算应用提供了更多的灵活性。SHE 密码协议被证明是选择明文攻击（chosen-plaintext attack，CPA）安全的高效同态加密算法[5]。它包含以下四个算法。

（1）SHE.KeyGen($k_M, k_r, k_L, k_{p_1}, k_{p_2}$)：输入安全参数($k_M, k_r, k_L, k_{p_1}, k_{p_2}$)，密钥生成算法 KeyGen 首先会选择两个大素数 p_1 和 p_2，其中，$|p_1| = k_{p_1}$、$|p_2| = k_{p_2}$（$|x|$ 表示 x 的二进制长度），并计算 $N = p_1 \cdot p_2$，然后选择一个随机数$|L| = k_L$，因此明文域初始化为 $M = \{m | m \in [-2^{k_{M-1}}, 2^{k_{M-1}})\}$。最后输出公开参数 $\text{pp} = \{N, k_M, k_r, k_L, k_{p_1}, k_{p_2}\}$，密钥为 $\text{sk} = \{p_1, L\}$。

（2）SHE.Enc$_1$(sk, m)：输入密钥 sk 和消息 $m \in M$，此加密算法输出密文 $E(m) = \text{SHE.Enc}_1(\text{sk}, m) = (r \cdot L + m)(1 + r' \cdot p_1) \bmod N$，其中，$r \in \{0,1\}^{k_r}$、$r' \in \{0,1\}^{k_{p_2}}$ 均为随机数。

（3）SHE.Dec(sk, $E(m)$)：输入密钥 sk 和密文 $E(m)$，解密算法将恢复消息 $m' = (E(m) \bmod p_1) \bmod L = (m + r \cdot L) \bmod L$。如果 $m' < L/2$，明文消息为 $m = m'$，否则明文消息为 $m = m' - L$。

（4）SHE.Enc$_2$(pk, m)：设 $E(0)_1$ 和 $E(0)_2$ 为 0 的不同随机个数的密文，将其视为公钥 $\text{pk} = (E(0)_1, E(0)_2)$。之后该加密算法输出密文 $E(m) = m + \gamma_1 \cdot E(0)_1 + \gamma_2 \cdot E(0)_2 \bmod N$，其中，$(\gamma_1, \gamma_2) \in \{0,1\}^{k_r}$ 为随机数。

SHE 密码协议支持密文上的加法和乘法运算，给定公共参数 pp，即该协议可以执行下述同态操作。

（1）SHE.Add$_1$：分别给定消息 m_1 和 m_2 的密文，即 $c_1 = \text{SHE.Enc}_1(m_1) =$

$(r_1L+m_1)(1+r_1'p) \bmod N$ 和 $c_2=\text{SHE.Enc}_1(m_2)=(r_2L+m_2)(1+r_2'p) \bmod N$，$\text{SHE.Add}_1$ 操作得到 $c_1+c_2=\text{SHE.Enc}_1(m_1+m_2)$。

（2）SHE.Mul_1：分别给定消息 m_1 和 m_2 的密文，即 c_1 和 c_2，SHE.Mul_1 操作得到 $c_1 \cdot c_2=\text{SHE.Enc}_1(m_1 \cdot m_2)$。

（3）SHE.Add_2：给定消息 m_1 的密文 c_1 和明文 m_2，SHE.Add_2 操作得到 $c_1+m_2=\text{SHE.Enc}_1(m_1+m_2)$。

（4）SHE.Mul_2：给定消息 m_1 的密文 c_1 和明文 m_2，SHE.Mul_2 操作最终得到 $c_1 \cdot m_2=\text{SHE.Enc}_1(m_1 \cdot m_2)$。

SHE 密码协议提供了一种在保护数据隐私的同时，允许对数据进行有效处理的方法。因此 SHE 密码协议可以应用在物联网场景下，可以对来自多个设备的加密数据进行聚合计算，而无需暴露任何设备的原始数据。在基于雾计算的物联网中，SHE 密码协议用于在范围查询中维护数据的隐私和安全，同时具有较高的通信效率。此外，也用于电子医疗高效隐私保护的相似性查询，用于基于相似患者进行基本诊断，同时保护外包的敏感医疗数据[6]；在智慧交通系统中通过 SHE 密码协议等可以实现基于边缘服务器聚合实时数据并响应查询，保护车辆以及数据用户的敏感信息[7]。SHE 密码协议因其在保护隐私和提高计算效率方面的优势，在需要安全数据处理的各种场景中都具有潜在的应用价值。随着技术的进步和对数据隐私保护需求的增加，SHE 密码协议的应用范围将进一步扩大。

2.1.2　SME 算法

SME 算法是利用线性代数中的矩阵运算来进行数据加密的方法。它的发明增强了数据的安全性，通过数学变换来保护信息免受未授权访问和篡改，在密码学中属于对称加密算法的范畴[8]。矩阵加密的提出主要是为了提高加密算法的安全性和效率。在古典密码学中，许多加密技术如替换法和移位法已经被证明在现代计算能力面前不够安全。随着计算机技术的发展，对加密算法的需求也从简单的保密转向了更为复杂和数字化的方法。矩阵加密正是在这样的背景下应运而生，它利用矩阵的线性变换来实现加密，这种方法在数学上更为复杂，因此更难被破解。

这种加密技术通常涉及线性代数中的矩阵操作，如矩阵乘法、转置、逆矩阵等。矩阵加密可以提供强大的安全性，因为它被设计成能够抵抗各种密码分析攻击，包括已知明文攻击和选择密文攻击。SME 算法的目的是寻找一个 n 维向量，其与其余 N 个 n 维向量中哪个的距离更近。其中，SME 算法可以分为四个部分：SME.KeyGen、SME.Enc、SME.TrapGen、SME.Eval。

（1）SME.KeyGen(n)：给定素数 p 和 q（$p > q$），该算法随机选择可逆矩阵 $\boldsymbol{M} \in \mathbf{Z}_p^{2n\times 2n}$，并计算其逆矩阵 $\boldsymbol{M}^{-1}$，以生成密钥 $\mathrm{sk} = \{\boldsymbol{M}, \boldsymbol{M}^{-1}\}$；同时，选择一个随机数 $\Gamma \in \mathbf{Z}_p$ 作为公钥 $\mathrm{pk} = \Gamma$。

（2）SME.Enc($\boldsymbol{v}_i$, sk, pk)：该算法将每个 n 维数据记录 $\boldsymbol{v}_i$，$i \in [1, N]$扩展为

$$\boldsymbol{V}_i = \left(v_{i,1}, v_{i,2}, \cdots, v_{i,n}, -\frac{1}{2}\sum_{j=1}^{n} v_{i,j}^2, \beta_1, \cdots, \beta_{n-1} \right) \tag{2.1}$$

其中，$\beta_1, \cdots, \beta_{n-1}$ 为从 $\mathbf{Z}_q$ 中随机选择的数字。然后 $\boldsymbol{v}_i$ 使用以下方式加密：

$$E(\boldsymbol{v}_i) = (\Gamma \cdot \boldsymbol{V}_i + \boldsymbol{e}_i) \times \boldsymbol{M} \tag{2.2}$$

其中，$\boldsymbol{e}_i \in \mathbf{Z}_p^{2n}$ 为一个随机生成的噪声向量，满足 $2 \cdot |\max(\boldsymbol{e}_i)| \ll \Gamma$。

（3）SME.TrapGen($\boldsymbol{u}$, sk, pk)：该算法将一个 n 维向量 $\boldsymbol{u}$ 扩展为

$$\boldsymbol{U} = (r \cdot u_1, r \cdot u_2, \cdots, r \cdot u_n, r, \alpha_1, \cdots, \alpha_{n-1}) \tag{2.3}$$

其中，$r, \alpha_1, \cdots, \alpha_{n-1}$ 为从 $\mathbf{Z}_q$ 中随机选择的数字，且 r 为正数。然后将 $\boldsymbol{u}$ 加密：

$$E(\boldsymbol{u}) = \boldsymbol{M}^{-1} \times \left(\Gamma \cdot \boldsymbol{U}^{\mathrm{T}} + \boldsymbol{e}_u^{\mathrm{T}} \right) \tag{2.4}$$

其中，$\boldsymbol{e}_u^{\mathrm{T}} \in \mathbf{Z}_p^{2n}$ 为一个随机整数噪声向量，满足 $2 \cdot |\max(\boldsymbol{e}_u)| \ll \Gamma$。

（4）SME.Eval($E(\boldsymbol{u})$, $E(\boldsymbol{v}_i)$, pk)：给定密文 $E(\boldsymbol{u})$和 $E(\boldsymbol{v}_i)$，$i \in [1, N]$，并执行：

$$\mathrm{Comp}_i = \left[\frac{E(\boldsymbol{v}_i) \times E(\boldsymbol{u})}{\Gamma^2} \right]_q \tag{2.5}$$

其中，$[\cdot]_q$ 为模 q 的最接近整数。Comp_i 越大表示向量 $\boldsymbol{v}_i$ 越接近 $\boldsymbol{u}$。

2.1.3　BFV 方案

BFV（Brakerski-Fan-Vercauteren）方案是一种全同态加密方案，具有高安全性和实用性，广泛应用于隐私保护和安全计算领域中，属于第二代全同态加密方案，其基于环上误差学习（ring learning with errors，RLWE）难题。第一代全同态加密方案是在全同态加密领域的早期尝试，例如 Gentry[9]提出基于格上困难问题

而构造的密码方案，该方案将解密操作转换为同态运算电路，通过压缩电路的方式来正确恢复出明文。第二代全同态加密方案是在第一代方案的基础上发展起来的，它在效率和安全性方面都取得了显著的提升。BFV 方案的基本思想是以多项式环为代数系统，使用一个多项式来表示明文消息，对其进行加密得到另一个多项式来表示密文。乘法运算会导致密文维度的膨胀，BFV 方案引入了重线性化技术来解决这个问题，以达到降噪的目的。重线性化是一种关键技术，它允许将多维的密文转换为二维形式，从而使得密文可以继续进行后续的同态操作。明文空间为多项式环 $R_t = Z_t[x]/(x^N+1)$，密文空间为多项式环 $R_q = Z[x]/(x^N+1)$。其中 N 为 2 的幂，t 为明文模，q 为密文模，$\Delta = \lfloor q/t \rfloor$，$N$ 和 t 决定了单个 BFV 明文中可以打包的数据规模，q 的大小影响密文所包含的噪声以及密码系统的安全性，如果噪声超过了阈值，则密文无法成功恢复出明文。BFV 密码系统由密钥生成（BFV.KeyGen）、加密（BFV.Enc）、解密（BFV.Dec）三种算法构成。计算步骤如下。

（1）BFV.KeyGen：随机选择 $s \leftarrow \mathbf{R}_2$，设定密钥为 sk = s；根据密钥生成公钥，即随机选择 $a \leftarrow \mathbf{R}_q, e \leftarrow \chi$，设定公钥为 pk = $([-(a \cdot s + e)]_q, a)$；随机选择 $a_i \leftarrow \mathbf{R}_q, e_i \leftarrow \chi$, $i \in \{0, \cdots, \lfloor \log_T(q) \rfloor\}$，并得到重加密密钥 rlk = $([-(a_i \cdot s + e_i) + T^i \cdot s^2]_q, a_i)$。

（2）BFV.Enc：选择明文 $m \in \mathbf{R}_t$，随机选择 $u \leftarrow \mathbf{R}_2$，$e_1$，$e_2 \leftarrow \chi$，设置 p_1 = pk[0], p_2 = pk[1]，得到密文 $c_e = (p_1 \cdot u + e_1 + \Delta \cdot m_q, [p_2 \cdot u + e_2]_q)$。

（3）BFV.Dec：输入密文 c_e、密钥 sk，设置 $c_1 = c_e[0]$，$c_2 = c_e[1]$，对 c_e 解密，即得到 $m' = [t \cdot [c_1 + c_2 \cdot s]_q / q]_t$。

（4）BFV.Add：输入两个密文 $c_{e,1}$ 和 $c_{e,2}$，BFV.Add 操作就是加法运算，得到 $c'_e = (c_{e,1}[0] + c_{e,2}[0], c_{e,1}[1] + c_{e,2}[1])$。

（5）BFV.Mul：输入两个密文 $c_{e,1}$ 和 $c_{e,2}$，按照多项式乘法规则会得到 $c'_e = ([\lfloor t \cdot c_{e,1}[0] \cdot c_{e,2}[0]/q \rceil]_q, [\lfloor t \cdot (c_{e,1}[0] \cdot c_{e,2}[1] + c_{e,1}[1] \cdot c_{e,2}[0])/q \rceil]_q, [\lfloor t \cdot c_{e,1}[0] \cdot c_{e,2}[0]/q \rceil]_q)$，两个元素在密文形式上经过乘法运算后，相当于对密文作张量积运算，会出现密文维度变高的现象，因此需要通过重线性化技术来保证密文大小的恒定。具体过程首先将 $c'_e[2]$ 使用基 T 来表示，即 $c'_e[2] = [\lfloor t \cdot c_{e,1}[0] \cdot c_{e,2}[0]/q \rceil]_q = c_2^{(0)} \cdot T^0 + c_2^{(1)} \cdot T^1 + \cdots + c_2^{(l)} \cdot T^l$，计算并输出 $c' = \left(\left[c'_e[0] + \sum_{i=0}^{l} \mathrm{rlk}[i][0] \cdot c_2^{(i)} \right]_q, \left[c'_e[1] + \sum_{i=0}^{l} \mathrm{rlk}[i][1] \cdot c_2^{(i)} \right]_q \right)$。

在全同态加密方案中，编码是指将明文数据转换为适合的加密形式的过程，是实现同态加密的核心组成部分。由于全同态加密通常在多项式环上进行计算，因此需要将明文（如整数或有理数等）编码为多项式环中的元素或多项式。在 BFV 方案中，明文被编码为多项式系数，然后进行加密和同态计算。传统的 BFV 编码技术即标量编码，即将每个数据都编码为一个多项式，这种编码方式简单直接，适用于处理单个数据点的加密和计算，然而效率较低。为了更加高效地利用 BFV 方案进行大规模数据处理和提高计算效率，研究人员提出了批处理编码技术。

批处理编码技术也被称为打包技术，可以将多个整数域上的明文同时编码为 R_t 上的一个多项式，以此多项式计算操作相当于对多个数据同时进行计算，从而减少了计算开销，极大提高了编码效率，特别是在处理大量数据时。在 BFV 方案中，批处理编码通常涉及将每个明文编码为多项式的一个系数，然后将所有这些多项式相加，形成一个总的多项式。这样，一个多项式就可以代表整个数据集，使得可以对整个数据集进行批量的同态操作。这种技术的核心在于利用中国剩余定理（Chinese remainder theorem，CRT）和单指令多数据流（single-instruction multiple-datastream，SIMD）技术，得以实现高效的数据打包和计算。首先假设多项式环为 n 维，明文模为 t 且满足 $t=1(\mathrm{mod}\ 2n)$，找到 t 的 $2n$ 阶原根 ω，其满足 $\omega \in \mathbf{Z}_t$，$\omega^{2N} \equiv 1 \mathrm{mod}\ t$，当 $0<i<2N$ 时，$\omega^i \neq 1 \mathrm{mod}\ t$。在该多项式环中存在多项式 $x^N+1=(x-\omega^1)(x-\omega^3)\cdots(x-\omega^{2N-1}) \mathrm{mod}\ t$，假设要编码的整数为 $m_1, m_2, \cdots, m_N$，批处理编码得到的多项式为 $M(x)$，根据 CRT 可以得知，$M(x) \equiv m_1 \mathrm{mod}(x-\omega^1), \cdots, m_N \mathrm{mod}(x-\omega^{2N-1})$。SIMD 技术是一种并行处理技术，它允许在单个操作中同时处理多个数据点。在 BFV 密码系统中，SIMD 技术可以用来同时对多个加密多项式执行操作，如图 2.1 所示。简单来说，假设拥有 N 个明文数据 $m=(m_1, m_2, \cdots, m_N)$，通过 BFV 密码系统将其加密为一个密文，即 BFV.Enc(m)，计算函数为 $f(\cdot)$，SIMD 技术实现了 $f(\mathrm{BFV.Enc}(m))=\mathrm{BFV.Enc}(f(m))=\mathrm{BFV.Enc}(f(m_1), \cdots, f(m_N))$。批处理编码允许最多 N 个整数使用 SIMD 编码加密为一个密文[10]。也就是说，一个密文多项式可以被看作是具有 N 个槽的向量，其中每个槽可以容纳 q bit。BFV 支持两个密文上的以下操作。

（1）SIMD.Add(C_1, C_2)：给定两个整数向量 $\boldsymbol{X}=(x_1, x_2, \cdots, x_N) \in \mathbf{R}_t^N$ 和 $\boldsymbol{Y}=(y_1, y_2, \cdots, y_N) \in \mathbf{R}_t^N$，向量 $\boldsymbol{X}$ 和 $\boldsymbol{Y}$ 分别运行 BFV.Enc($\boldsymbol{X}$, pk)和 BFV.Enc($\boldsymbol{Y}$, pk)得到密文 C_1 和 C_2，SIMD.Add(C_1, C_2)是在密文上计算两个向量对应槽元素的

和（x_i+y_i），$i\in\{1,\cdots,N\}$，即 BFV.Dec(SIMD.Add(C_1, C_2)) = ($x_1+y_1, x_2+y_2,\cdots, x_N+y_N$)。

（2）SIMD.Mul(C_1, C_2)：给定密文 C_1 和 C_2，SIMD.Mul(C_1, C_2)操作是在密文上批量计算两个向量对应槽元素的乘积，即 BFV.Dec(SIMD.Mul(C_1, C_2)) = ($x_1\times y_1, x_2\times y_2,\cdots, x_N\times y_N$)。

（3）SIMD.Rotate(C_1, e)：给定密文 C_1 以及一个正整数 $e<N$，SIMD.Rotate(C_1, e) 操作是在密文上将向量 $\boldsymbol{X}$ 的所有槽同步向左移动 e 步，即 $\widehat{C}_1=(x_{e+1},x_{e+2},\cdots,x_e)$。

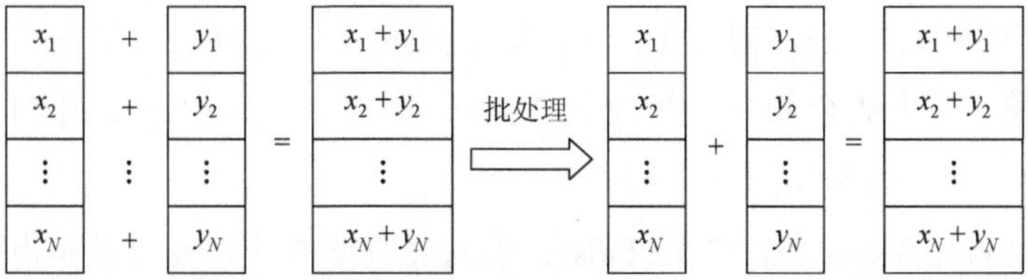

图 2.1　BFV 密码系统中批处理同态加法示意图

2.2　数 据 结 构

本节首先介绍多种过滤器技术：布卢姆过滤器、布谷鸟过滤器和 XOR 过滤器，其次介绍 Merkle 树和局部敏感哈希算法。

2.2.1　布卢姆过滤器

在计算机科学中，集合数据查找问题是一个常见的问题。数据结构的选择对于算法的性能有着决定性的影响，传统的数据结构，如数组、链表、哈希表等，虽然可以实现快速查找，但它们在处理大规模数据时会消耗大量的存储空间，查找效率较低。布卢姆过滤器（Bloom filter，也称布隆过滤器）的提出正是为了解决这一问题，它通过牺牲一定的准确性来换取存储空间的大幅度节省。布卢姆过滤器最早是布卢姆在 1970 年提出的[11]，是一种具有较高空间效率的数据结构，假设存在一个集合 $U=(u_1,u_2,\cdots,u_n)$，布卢姆过滤器在具有一定误判概率的情况下可以用于判断该集合 U 中是否存在某个元素 u_i。一个布卢姆过滤器实际上是由若干个互相独立的哈希函数和一个二进制数组组成，极大地减少了存储空间的需求。

相比传统的数据结构，布卢姆过滤器在存储大量数据时更加高效。该二进制数组初始化为 0，插入元素时，计算该元素的所有哈希函数值，并将数组中对应位置值设置为 1，得到的最终数组即为所构建的布卢姆过滤器；查询元素时，先计算该元素的所有哈希函数值，如果数组中对应位置均为 1，则判定该元素属于集合，反之不属于。如图 2.2 所示，给出了当 $k=3$、$m=9$ 时，在布卢姆过滤器中插入 2 个元素的例子。布卢姆过滤器主要由以下两个算法组成。

（1）Bloom.build$(U, m, k) \rightarrow (M, (h_1(\cdot), \cdots, h_k(\cdot)))$：给定要构建布卢姆过滤器的元素集合 U、二进制数组的长度 m 以及独立的哈希函数的个数 k。首先生成长度为 m 的二进制数组 M，初始化为 0，对于生成 k 个互相独立的哈希函数 $h_i(\cdot)$，$i \in \{1, \cdots, k\}$，对于集合 U 中的每个元素 $u_j (u_j \in U)$，得到 $M[h_i(u_j)] = 1$，最后输出数组 M 以及哈希函数$(h_1(\cdot), \cdots, h_k(\cdot))$。

（2）Bloom.Test$(u, M) \rightarrow$ True/False：输入要查询的元素 u 以及布卢姆过滤器数组 M，判断 $M[h_i(u)] = 1$ 对于所有的 $i \in \{1, \cdots, k\}$ 是否成立，如果都满足，则输出 True，否则输出 False。

布卢姆过滤器具有较高的插入和查询效率，插入和查询一个元素的时间复杂度为 $O(k)$，这意味着无论集合的大小如何，插入和查找时间都保持不变，具有很高的时间效率，可以有效地减少对庞大数据集的查询时间，且无须存储插入元素的集合，只需要存储 Bloom.build(U, m, k)得到的数组 M。由于存在哈希冲突，布卢姆过滤器具有一定的误判概率，即可能将并不属于集合的元素误判为存在于集合中，误判概率为 $p = (1 - e^{-kn/m})^k$，其中 k 表示哈希函数的个数，m 表示二进制数组的长度，n 表示插入的元素集合的大小。

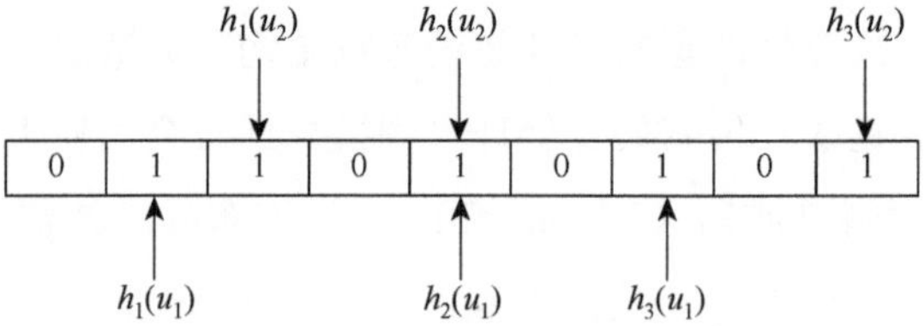

图 2.2　当 $k=3$、$m=9$ 时布卢姆过滤器示例

在过去的几十年间，研究人员提出了若干个布卢姆过滤器的变体，本节简单介绍一些常见的布卢姆过滤器变体及其特点。计数布卢姆过滤器（counting Bloom filter，CBF）[12]，它使用计数器数组代替单一的位数组。每个哈希桶不再是简单的 0 或 1，而是一个计数器，记录元素被插入的次数。CBF 允许安全地删除元素，因为它可以通过减少相应桶中的计数器值来实现。此外，CBF 可以提供关于元素在集合中出现频率的信息。然而相比标准布卢姆过滤器，CBF 需要更多的内存空间，因为每个桶是一个计数器而不是一个位。压缩布卢姆过滤器（compressed Bloom filter）[13]，这种变体通过压缩技术减少布卢姆过滤器的空间需求。它通常将多个哈希桶压缩成一个桶，从而减少所需的位数组长度。此外，Bloomier Filters 也是标准布卢姆过滤器的一种扩展和改进[14]，它们的主要区别在于标准布卢姆过滤器只能用于测试元素是否可能属于一个集合，而 Bloomier Filters 可以提供更多的功能，比如可以存储与每个键相关联的值，并允许进行查询。这使得 Bloomier Filters 更为灵活，适用于更广泛的应用场景，但也会增加一些额外的开销。

2.2.2　布谷鸟过滤器

布卢姆过滤器因其高效的空间利用率和快速的查询性能，在处理大规模数据集的集合隶属测试问题上得到了广泛应用。然而，标准布卢姆过滤器无法在不重建整个过滤器的情况下删除现有项，这在很多实际应用中是一个严重的限制。有几种方法对标准布卢姆过滤器进行扩展使其可以支持删除操作，但都会带来显著的空间或性能开销。例如计数布卢姆过滤器通常使用 3～4 倍的空间来保持与空间优化的布卢姆过滤器相同的误判率[12]。其他变体包括 d-left 计数布卢姆过滤器[15]，以及商值过滤器[16]，它提供了显著降低的查找性能，以获得与布卢姆过滤器相当的空间开销。布谷鸟过滤器为动态集合的近似成员查询问题提供了一种新的解决方案。Fan 等[17]在 2014 年提出了布谷鸟过滤器（cuckoo filter）。布谷鸟过滤器保持了布卢姆过滤器的高效空间利用和快速查询的优点，同时引入了动态插入和删除的能力。相比传统布卢姆过滤器具有更高的查找性能，相比商值过滤器等方案更易于实现。另外，如果目标误判率 ε 小于 3%，在许多实际应用中，它使用的空间比布卢姆过滤器更少。布谷鸟过滤器是一种使用指纹来存储插入到过滤器中元素的数据结构，主要由哈希函数以及一系列的桶组成，每个桶包含多个位。相比布卢姆过滤器，布谷鸟过滤器支持动态添加和删除元素，具有更高的空间效率和更高的查询性能。布谷鸟过滤器的基本思想是使用哈希函数对一个元素进行哈希，映射到多个桶，如果这些桶中有空位置，则直接插入该元素，如果所有位置都被占用，则根据特定的策略随机将已存在的元素移动到别的位置，为新元素腾出空间，通过这种方式有效地处理哈希冲突，布谷鸟过滤器的插入性能随着桶越来越满而降低，因为可能需要多次踢出和重新计算元素的位置。布谷鸟过滤器的核心是布谷鸟哈希表，一个基本的布谷鸟哈希表[18]由一系列桶组成，每个项由哈希函数 h_1 和 h_2 确定两个候选桶。查找过程中检查两个桶，看是否有包含该项。

（1）插入元素：当插入一个数据项 x 时，首先使用哈希函数 h_1 计算得到一个哈希值 $h_1(x)$。然后，使用第二个哈希函数 h_2 对 x 的指纹（fingerprint）进行哈希，得到另一个哈希值，记为 $h_2(x)$。这两个哈希值决定了指纹在哈希表中的两个候选位置，即

$$\begin{cases} h_1(x) = h(x) \\ h_2(x) = h_1(x) \oplus h(x\text{'s fingerprint}) \end{cases} \tag{2.6}$$

公式（2.6）中的异或操作确保了一个重要属性：$h_1(x)$也可以通过 $h_2(x)$和 x 的指纹使用相同的公式计算出来。换句话说，要移除原本在桶 i 中的键［不管 i 是 $h_1(x)$还是 $h_2(x)$］，可以直接根据当前桶索引 i 和存储在该桶中的指纹计算出它的替代桶，即 $j = i \oplus h(\text{fingerprint})$。插入过程如算法 2.1 所示。

算法 2.1　布谷鸟过滤器插入算法

```
插入(Insert(x))
f = fingerprint(x);
i1 = h(x);
i2 = i1 ⊕ h(f);
如果 bucket[i1]或 bucket[i2]有空闲条目然后
    将 f 添加到该桶中;
    返回完成;
//必须重新定位现有项;
i 随机选择 i1 或 i2;
for n = 0; n<MaxNumKicks; n ++ do
从桶[i]中随机选择一个条目 e;
  交换 f 和存储在条目 e 中的指纹;
  i = i ⊕ h(f);
  如果 bucket[i]有空闲条目然后
    将 f 添加到桶[i]中;
```

返回完成；
//哈希表被认为已满；
返回失败；

图 2.3 展示了假设要插入的数据项为 x，将 x 插入到 10 个桶的哈希表中的示例，其中 x 可以放置在桶 1 或桶 9 中。如果 x 的两个桶任何一个是空的，算法将 x 插入到那个空桶中，完成 x 的插入过程。如果两个桶都没有空间，如本例所示，项选择一个候选桶（例如桶 1），踢出现有项（在这种情况下为“a”），并将所踢出的项重新插入到自己的替代位置。在该示例中，移除“a”触发了另一次重定位，将现有项“b”从桶 3 踢到桶 5。这个过程可能会重复，直到找到空桶，或者达到所设定的最大重定位次数。如果找不到空桶，这个哈希表被认为太满了，无法插入。在该示例中，最终将要插入的 x 放入桶 1 中，a 被放入桶 3 中，b 被放入桶 5 中。尽管布谷鸟哈希可能会执行一系列重定位，但其摊销插入时间是 $O(1)$。

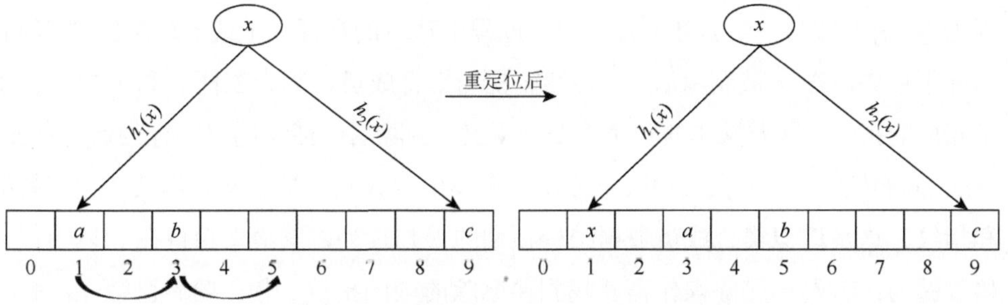

图 2.3　布谷鸟过滤器插入过程示例

（2）查找元素：当查找一个数据项是否存在，首先使用哈希函数 h_1 和 h_2 对该数据项计算得到两个候选位置。在这两个位置上检查是否存在相同的指纹。如果至少有一个位置上存在匹配的指纹，那么可以认为项存在于集合中，查找过程如算法 2.2 所示。

算法 2.2　布谷鸟过滤器的查找算法

查找(Lookup(x))

f = fingerprint(x);
$i_1 = h(x)$;

$i_2 = i_1 \oplus h(f)$;

如果 bucket[i_1]或 bucket[i_2]有 f:

　　返回真;

　　返回假;

（3）删除元素：标准布卢姆过滤器不能删除，因此删除单个项需要重建整个过滤器，而计数布卢姆过滤器需要更多的空间。布谷鸟过滤器类似于计数布卢姆过滤器，可以通过在删除时从哈希表中移除相应的指纹来删除插入的项。其他具有类似删除过程的过滤器证明比布谷鸟过滤器更复杂。例如，d-left 计数布卢姆过滤器必须使用额外的计数器来防止出现指纹碰撞时的“错误删除”问题，而商值过滤器在删除后必须移动一系列指纹来填补空闲条目并维持其“桶”结构。

删除操作不需要在删除项后清理条目。它还避免了当两个项共享一个候选桶并且也有相同的指纹时的“错误删除”问题。例如，如果项 x 和 y 都居住在桶 i_1 中，并且在指纹 f 上发生碰撞，部分键布谷鸟哈希确保它们也可以居住在桶 i_2 中，因为 $i_2 = i_1 \oplus h(f)$。当删除 x 时，如果过程中移除的在插入 x 或 y 时添加的 f 的副本并不重要，在 x 被删除后，y 仍然被视为集合成员，因为在桶 i_1 和 i_2 中都留下了相应的指纹。这一操作的一个重要结果是，删除后过滤器的误判行为保持不变。（在上面的例子中，y 在表中会导致 x 的查找出现误判，按定义它们共享相同的桶和指纹）这是近似集合成员数据结构预期的误判行为，其概率保持在 ε 以内。具体步骤为：首先，删除操作需要找到要删除的项的指纹。使用哈希函数 h_1 和 h_2 计算出指纹的两个候选位置。其次，在这两个位置上查找匹配的指纹。如果找到，将其从哈希表中移除。如果在删除过程中，有其他项因为位置被占用而需要重定位，那么也需要递归地执行重定位操作，直到所有受影响的项都被正确放置。通过这种方式，布谷鸟过滤器能够在保持高空间效率的同时，支持动态的数据插入和删除操作。尽管有哈希冲突存在的可能，但通过重定位机制，布谷鸟过滤器能够有效地解决这些问题，确保数据结构的一致性和高效性。删除过程如算法 2.3 所示。

算法 2.3　布谷鸟过滤器的删除元素算法

删除(Delete(x))

f = fingerprint(x);

$i_1 = h(x)$;

$i_2 = i_1 \oplus h(f)$;

如果 bucket[i_1]或 bucket[i_2]有 f 则

　从该桶中移除 f 的一个副本；

　返回真；

返回假；

布谷鸟过滤器的设计注重空间效率，它通过优化指纹的长度和哈希桶的数量来控制误判率。布谷鸟过滤器存储的是每个插入项的指纹，而不是完整的项。指纹是通过哈希函数从原始项生成的固定长度的位串。这种方法显著减少了存储需求，因为指纹的长度可以根据目标误判率进行调整，而不是依赖于项的大小。此外，布谷鸟过滤器的设计允许哈希表在高负载因子（接近 100%）下运行，且不会导致性能显著下降。这与传统的布卢姆过滤器不同，后者在负载因子增加时的误判率会上升。布谷鸟过滤器通过使用多路关联哈希表和精心设计的哈希函数来实现这一点。布谷鸟过滤器具有广泛的应用场景，在数据库中，通常需要对数百万到数十亿个数据进行高效的查询，由于数据删除是大数据系统中的常用操作，通过使用布谷鸟过滤器代替布卢姆过滤器可以提高数据删除之后的查找性能[19]；在网络安全监控中，通过快速地进行集合成员测试，布谷鸟过滤器能够高效地确定网络流量中的数据是否与已知的威胁情报匹配，从而提高网络安全监控系统的效率，并且可以节约内存[20]；在车联网中，布谷鸟过滤器可以用于构建吊销机制，有效防止在签名中恶意插入无效签名，防止恶意车辆的攻击[21]。布谷鸟过滤器以其出色的空间效率和动态操作能力，在近似集合成员查询问题上提供了一种有效的解决方案。它不仅在理论上具有吸引力，而且在实际应用中也展现出了巨大的潜力。随着数据量的不断增长和对高效数据处理需求的日益增加，布谷鸟过滤器将继续在数据结构的选择中扮演重要角色。

2.2.3　XOR 过滤器

尽管布卢姆过滤器和布谷鸟过滤器作为经典的用于检测集合中元素成员资格的数据结构，在重复检测、数据同步中得到广泛的应用，然而，传统的布卢姆过滤器仍然具有一些局限性，例如会生成多个随机访问查询，这些随机访问查询的代价也很大，为了追求更快的检测效率以及占用更小的内存，因此提出了异或

（XOR）过滤器[22]，它是对经典的布卢姆过滤器和布谷鸟过滤器的一种改进，旨在提供更快的速度和更小的内存占用。XOR 过滤器的核心思想是使用异或操作来检测数据集中的重复模式，从而实现高效的数据检索。XOR 过滤器提供了高效的数据插入[22]，具有更高的查询效率，XOR 过滤器适用于静态集合中高效的近似成员验证。在 XOR 过滤器中，主要是通过哈希函数和指纹来实现将所有元素构建为 XOR 过滤器的数组。给定一个元素，使用随机选择的指纹函数生成一个指纹，在理想情况下，指纹函数的输出是完全随机的，每个可能的指纹都有相同的概率出现，即任意元素 x 和指纹 c，指纹等于 c 的概率为$(1/2)^k$。

例如，要利用集合 X 中的元素构建 XOR 过滤器，首先初始化过滤器，给定数组容量为 c 的数组 B，c 稍大于集合 X 的长度，即 $c=\lfloor 1.23\cdot|X|\rfloor+32$，并选择一个随机的指纹函数 $f(\cdot)$ 用于映射 X 中的每项得到一个 k bit 的值，选取三个满足条件的哈希函数 $(h_0(\cdot),h_1(\cdot),h_2(\cdot))$，用于后续中将 X 中元素映射到数组 B 中；然后利用 X 中的元素构建 XOR 过滤器，使得数组 B 中每个元素的三个哈希值分别对应位置的经过异或之后得到的值和该元素的指纹函数值相等即可；当查询元素 x 时，即分别计算查询元素的指纹函数值 $f(x)$，以及对应的 $B[h_0(x)]\oplus B[h_1(x)]\oplus B[h_2(x)]$，如果相等，则过滤器判断该元素可能属于集合 X，反之，该元素一定不属于集合 X。图 2.4 为当 $k=4$、$c=9$ 时 XOR 过滤器的示例。

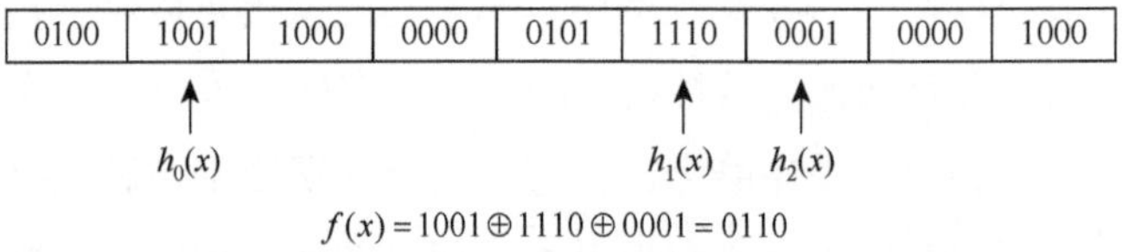

图 2.4　当 $k=4$、$c=9$ 时 XOR 过滤器的示例

XOR 过滤器主要由两个函数组成。

（1）$\text{XOR.build}(S,f(\cdot))\to\{B,(h_0,h_1,h_2)\}$：给定一个集合 S 以及指纹函数 $f(\cdot)$，然后按照 XOR 过滤器[22]的规则反复选取三个哈希函数，即 $(h_0(\cdot):S\to\{0,1,\cdots,c/3-1\},h_1(\cdot):S\to\{c/3,\cdots,2c/3-1\},h_2(\cdot):S\to\{2c/3,\cdots,c-1\})$，哈希函数用于后续将集合 S 中的元素映射到对应位置中，直到成功识别出集合 S 分配的数组 B 和哈希函数，输出 B 和哈希函数。

（2）$\text{XOR.Test}(x, B)\to\text{True / False}$：给定一个元素 $x\in S$，如果其满足 $f(x)=$

$B[h_0(x)]\oplus B[h_1(x)]\oplus B[h_2(x)]$，输出 True；否则输出 False。

在 XOR 过滤器中，指纹的长度（即比特数 k）对 XOR 过滤器的性能有重要影响。指纹越长，过滤器的准确性越高，因为指纹的随机性更好，减少了冲突的可能性。然而，更长的指纹也意味着更高的内存开销。因此，在设计 XOR 过滤器时，需要在指纹的长度和所需的内存之间做出权衡。此外还提出了 XOR + 过滤器[22]，是 XOR 过滤器的一个变体和优化，旨在进一步优化内存使用效率，同时保持或仅轻微牺牲查询性能。XOR + 过滤器的工作原理基于 XOR 过滤器，但在存储结构上进行了优化。在 XOR 过滤器中，每个元素的指纹通过三个哈希函数映射到数组 B 的三个位置，并确保这三个位置上的值进行异或操作后的结果等于该元素的指纹函数值。而在 XOR + 过滤器中，通过压缩技术来减少指纹所占用的空间，只存储数组中非空位置的指纹，还会利用特殊的数据结构（如位数组等）来存储和访问非空位置上的指纹，这样可以在保持查询性能的同时减少内存占用。

XOR 过滤器的优势在于其高效的查找性能和较低的空间复杂度，特别是在处理大规模数据集时，能够提供快速的响应和较低的资源消耗，因此 XOR 过滤器具有广泛的应用场景，例如在网络应用中，通过将已知的垃圾邮件特征存储在 XOR 过滤器中，可以快速判断一封新邮件是否是垃圾邮件；在数据压缩算法中，XOR 过滤器可以用来快速检测数据是否已经被压缩，避免重复压缩；同时在科学研究领域中，在生物信息学中当处理大规模基因组数据时可以用于快速筛选特定类型的序列或标记，在天文学数据分析中可以帮助快速识别和分类恒星或其他天文对象。XOR 过滤器在处理大量数据以及高并发请求时具有高效性和实用性，通过减少内存使用和提高查询速度，XOR 过滤器为各种需要快速近似成员查询的场合提供了一种有效的解决方案。然而，需要注意的是，XOR 过滤器作为一种概率型数据结构，允许一定程度的误判，因此在关键的安全决策中还需要额外的验证机制。

2.2.4　Merkle 树

为了解决在不泄露数据内容的情况下验证数据完整性的问题，Merkle 在 1979 年提出 Merkle 树的概念，他在一篇名为 *A Digital Signature Based on a Conventional Encryption Function* 的论文中描述了这种数据结构[23]。在这篇论文中，Merkle 提出了一种基于传统加密函数的数字签名方案，该方案使用了后来被称为 Merkle 树的结构来验证数据的完整性。在随后的几十年中被广泛应用于多种场景，包括分布式系统、网络协议和区块链技术。这项工作为后来的许多加密货币和分布式账本技术奠定了基础，尤其是在构建可信赖的去中心化网络方面。

Merkle 树又名哈希树，“哈希”（hash）是一种数据结构操作，它涉及将任意长度的数据（通常是字符串或数字）通过哈希函数转换成一个通常较短的固定长度的值或键[24]。这个过程称为哈希，将通过哈希函数得到的输出称为哈希值或哈希码。这种转换是一种压缩映射，也就是，散列值的空间通常远小于输入的空间，不同的输入可能会散列成相同的输出，所以不可能用散列值来确定唯一的输入值。简单地说就是一种将任意长度的消息压缩到某一固定长度的消息摘要的函数。

Merkle 树本质是一种二叉树，其中每个叶节点包含数据块的哈希值，而非叶节点包含其两个子节点哈希值的哈希（图 2.5）。根节点，或称为 Merkle 根，包含整个数据集的总体哈希值。这种结构允许单独验证树的任何分支、叶子或子树，而无需检查整个数据集，从而实现了数据完整性的高效验证。

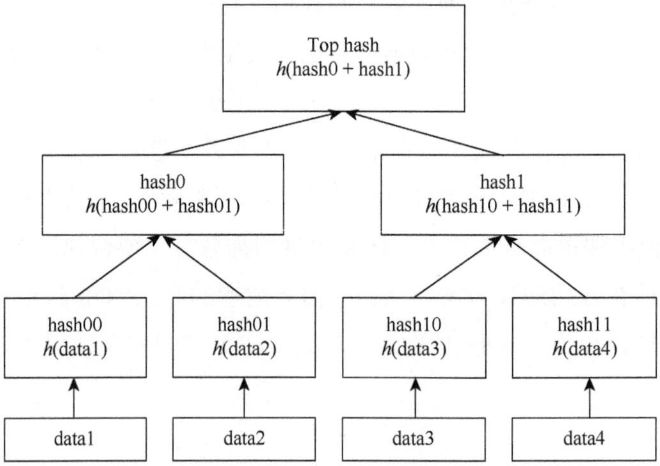

图 2.5　Merkle 树

Merkle 树是一种强大的数据结构，它通过哈希函数和树状结构提供了一种高效且安全的方式来验证数据的完整性。在需要处理大量数据并保证数据安全性的场景中，Merkle 树是一种理想的选择。

2.2.5　局部敏感哈希算法

局部敏感哈希（locality sensitive hashing，LSH）算法是一种用于处理大规模数据集合中近似最近邻搜索的技术。随着大数据时代的到来，数据的规模和维度不断地增长，处理海量数据的需求日益迫切，像文本、图像和音频等高维数据的相似性往往难以直接度量，而且数据量巨大，如何高效地从庞大的数据集合中找到与该数据最相似或者距离最近的数据项是大数据时代面临的重要挑战之一。传统的线性查找方式，逐个检查数据集合中的每个数据，效率较低且不适用于大量数据集合。为了解决这个问题，LSH 算法应运而生。LSH 算法通过引入一种特殊的哈希函数，能够在保持数据点之间的相对距离的同时，将数据点映射到一个或者多个哈希桶中，从而实现了快速的近似查找，能够通过在哈希桶中进行搜索来快速找到相似的数据项。这种技术的核心优势在于可以有效地缩小搜索范围，在保留数据集中的相似性结构的同时，显著减少搜索时间。1998 年，Indyk 和 Motwani[25]首次提出了局部敏感哈希算法，实现了在亚线性时间完成最近邻查询。

LSH 算法的基本思想是利用哈希函数族（或者是一个特定的哈希函数）将高维空间中的数据点映射到低维空间的哈希桶中。这些哈希函数具有局部敏感性质，使得距离相近的数据点冲突概率远远高于距离较远的数据点冲突概率，即在原始高维空间中相似（或接近）的数据点，经过哈希函数映射后，在低维空间中仍然有很大可能性相邻。同时桶的数量和大小直接影响 LSH 算法的性能。桶的数量越多，每个桶内的数据点越少，搜索的精度越高，但同时会增加存储和计算开销。桶的大小需要根据数据的分布和维度进行调整，以达到最佳的性能平衡。

LSH 算法的工作流程大概如下。首先给定两个高维数据项 u_1 和 u_2，$d(u_1, u_2)$ 表示两者之间的相对距离（欧几里得距离、汉明距离等），$g(\cdot)\rightarrow\{1, 2, \cdots, w\}$为输出桶索引的 LSH 函数。如果相对距离 $d(u_1, u_2)$不超过所设定的阈值 r，则 $g(u_1) = g(u_2)$ 的可能性大于 p_1，即在高维空间中距离较近的点 u_1 和 u_2 存在一个高概率 p_1 使得它们可以映射到同一个桶中。同时，如果 $d(u_1, u_2)$大于阈值 $c\cdot r(c>1)$，则 $g(u_1) = g(u_2)$ 的概率小于 p_2，表示对于高维空间中距离较远的点 u_1 和 u_2 存在一个低概率 p_2 使得它们映射到同一个桶中，即

$$\begin{cases} d(u_1,u_2) < r, \mathrm{Prob}(g(u_1)=g(u_2)) > p_1 \\ d(u_1,u_2) > c \cdot r, \mathrm{Prob}(g(u_1)=g(u_2)) < p_2 \end{cases} \tag{2.7}$$

其中，Prob(·)为概率函数，并满足 $p_1>p_2$，则该哈希函数可以作为 LSH 函数。假设高维空间存在 m 个数据点（$u_1, \cdots, u_m$），通过 LSH 函数可以被映射到 n 个桶（$t_1, \cdots, t_n$）中，当查找数据 u_e 时，通过 LSH 函数得到其对应的桶号 t_s，假设桶中有 m_s 个数据，比较这些数据与查询数据 u_e 的相对距离，进而可以找到与 u_e 最近邻的数据项。因此通过 LSH 算法可以将搜索的计算复杂度从 m 降低为 m_s，并极大提高了搜索相似的数据点的效率。

LSH 算法作为一种强大的近似最近邻搜索技术，在当今的大数据时代发挥着越来越重要的作用。其在多个领域都有广泛的应用，包括但不限于文本相似度检测、图像识别、大规模数据挖掘和生物信息学等。在大规模图像数据库中，LSH 算法可以快速搜索与查询图像相似的图像，在图像检索、图像去重和图像分类等领域中尤为重要。例如，在图像搜索引擎中，用户可以上传一个图像试图找到与之相似的其他图像，而 LSH 算法可以在海量图像数据中高效地找到最相似的结果。LSH 算法在大数据时代发挥着越来越重要的作用。通过不断优化和改进，LSH 算法将为处理和分析大规模高维数据提供更加有效的技术支持，成为应对大数据挑战的重要工具之一。

2.3　常用安全技术

安全多方计算的思想是由 20 世纪 80 年代图灵奖获得者姚期智提出的概念[26]，经过四十多年的发展，已经成为大数据时代可以应用到实际的密码学技术之一。安全内积计算是安全多方计算中的一个关键概念和工具，本节首先介绍安全多方计算领域的常用技术：内积加密（inner product encryption，IPE）技术、隐私集合求交（privacy-preserving set intersection，PSI）协议以及不经意随机访问机（oblivious random access machine，ORAM）技术，其次介绍基于身份的签名（identity-based signature，IBS）方案。

2.3.1　IPE 技术

IPE 技术可以用于解决安全多方计算问题，两个参与方可以在不泄露自己输入的情况下，共同计算向量的内积。安全内积计算的基本原理是将内积操作转化为一种可以安全执行的形式。

内积通常定义为两个向量对应分量乘积的和，假设存在两个参与方 A 和 B，其中，A 拥有向量 $\boldsymbol{x}=(x,\cdots,x_n)$，B 拥有向量 $\boldsymbol{y}=(y,\cdots,y_n)$，安全内积计算支持在不向另一方透露自己向量的情况下，共同完成计算得到两个向量的乘积 $\boldsymbol{x}\cdot\boldsymbol{y}=x_1\cdot y_1+\cdots+x_n\cdot y_n$，并且只有通信的发出方可以得到最终的内积。这种计算对于保护数据隐私尤为重要，尤其是在涉及敏感信息的场景中，可以用于计算汉明权重、相关性以及距离等[27]，隐私保护的安全内积计算是现在许多数据挖掘算法所依据的重要工具[28]，因此有很多研究学者提出了多种不同的安全内积计算协议。

内积加密技术是一种特殊的密码学构造，它允许在加密数据上直接计算内积操作，而无需解密数据，关键在于它能够在保持数据加密状态的同时，实现对数据的线性组合操作，从而保护数据的安全。内积加密技术的基本原理是将数据的内积操作转换为一种加密形式，使得只有持有正确密钥的用户才能解密并获取内积的结果。这种技术通常依赖于同态加密或安全多方计算等密码学方法。内积加密技术最早是由 Abdalla 提出的[29]，该方案中将向量 $\boldsymbol{x}$ 用公钥加密，利用向量 $\boldsymbol{y}$ 生成密钥，解密方利用该密钥解密得到两个向量的内积 $\boldsymbol{x}\cdot\boldsymbol{y}$。密文和密钥分别与两个向量有关，解密方只能根据密钥得到两个向量的内积值，而无法得知两个向量的真实值。传统的使用安全两方计算技术来实现内积计算，一般是双方分别将自己的向量中每个分量加密，通过双方交互利用加法运算实现内积计算，使用内积加密技术来实现安全内积计算，相较传统的安全两方计算，具有更高的通信效率和计算效率。现有的安全内积计算协议按照所使用的密码学技术可以分为基于数据扰动的安全内积计算协议、基于非协作第三方的安全内积计算协议、基于不经意传输（oblivious transfer，OT）的安全内积计算协议、基于同态加密的安全内积计算协议等。

为了保护数据的机密性，任何参与方不能直接以明文的形式向其他参与方发送数据，在 Du 和 Atallah[30]提出的方案中，使用数据扰动技术，向原始数据添加随机数来混淆原始数据，利用不经意传输协议和同态加密方案来消除扰动，而不会影响隐私。也有诸多研究人员提出基于非协作第三方的安全内积计算协议[31, 32]，在第三方不被参与方完全信任的情况下完成内积的计算。基于非协作第三方的安全内积计算协议中，通常第三方作为数据传输的中介，负责参与计算以简化过程，完成一些计算任务，减少参与方需要执行的计算量。此外，还有基于不经意传输的安全内积计算协议，不经意传输协议是一种密码学原语，它允许一方（发送方）传输一条消息给另一方（接收方），同时确保接收方无法得知发送方其他未选择的消息内容，同时发送方也无法得知接收方选择了哪条消息。这一特性使得不经意传输协议成为构建安全内积计算协议的理想选择。在 Du 和 Atallah[30]提出的安全两方计算协议中，参与方 A 向 B 发送 p 个向量，其中只有一个是 A 真实的向量 $\boldsymbol{x}$，B 计算自己的向量 $\boldsymbol{y}$ 与 A 发送的 p 个向量的内积，A 使用不经意传输协议从 B 处获得最终的内积结果 $\boldsymbol{x}\cdot\boldsymbol{y}$。基于不经意传输的安全内积计算协议的安全性在于，它确保了在计算过程中，双方的原始数据都不会被对方知晓。发送方无法得知接收方选择的数据，接收方也不会知道发送方拥有的其余数据。

此外，也有许多基于同态加密算法来实现的安全内积计算协议，基于同态加密算法的安全内积计算协议是一种允许在加密数据上直接进行计算的密码学技术，而无需解密数据。同态加密是一种加密形式，它允许对密文进行计算，得到的结果在解密后与在明文上进行相同计算的结果一致。传统的支持同态密文乘法和同态密文加法的同态加密算法通过 $\mathrm{Enc}(x_1)\cdot\mathrm{Enc}(y_1)+\mathrm{Enc}(x_2)\cdot\mathrm{Enc}(y_2)+\cdots+\mathrm{Enc}(x_n)\cdot\mathrm{Enc}(y_n)=\mathrm{Enc}(x_1\cdot y_1+\cdots+x_n\cdot y_n)=\mathrm{Enc}(\boldsymbol{x}\cdot\boldsymbol{y})$来实现。此外，还有利用张量积的方法来计算两个向量的内积，通过将向量转换为矩阵并利用矩阵迹的性质来实现，即矩阵 $\boldsymbol{X}^{\mathrm{T}}\boldsymbol{Y}$ 为向量 $\boldsymbol{x}$ 和 $\boldsymbol{y}$ 的张量积，对角线的元素就是向量 $\boldsymbol{x}$ 和 $\boldsymbol{y}$ 对应分量的乘积 x_iy_i。Goethals 等[33]提出的新的基于同态加密的私有向量内积计算协议，该协议在半诚实模型下是安全的，并且在标准密码学假设下，对于 Bob 的私有输入，除了可以从 Alice 的私有输入和输出中推断出的信息外，没有其他信息被泄露。Wang 等[27]基于同态加密安全内积计算方案，提出了一种基于矩阵迹属性的新方法，用于计算向量的安全内积，传统的张量积方法在解密时需要计算多个额外的数据项，效率较低，他们通过利用矩阵迹的性质，在解密过程中去除这些额外数据项，从而减少计算成本。

安全内积计算作为一种重要的隐私保护技术，在安全多方计算领域扮演着关键角色。内积计算是一种基础的线性操作，可以用于多个领域中构建更复杂的计算任务，例如在生物特征认证[34]、机器学习[35]等领域中。生物特征认证是一种利用个体的生理或行为特征来进行身份验证的技术。通过指纹阅读器、虹膜扫描仪等设备可以用于限制对某个区域内的访问。在这种场景下，生物特征扫描仪会与一个外部认证服务器相连，负责执行授权。通过将认证任务卸载到中央服务器，就不需要在每个生物特征扫描仪上存储生物特征签名，从而降低了安全风险。只要提供的生物特征"接近"用户存储的凭据，认证即成功。因此，通过安全内积计算可以计算生物特征与用户存储凭证两个向量的汉明距离，只有当这个汉明距离在所设定的阈值范围内时认证才会通过[35]。在机器学习领域，尤其是自然语言处理（NLP）中，词向量训练是一项基础且关键的任务。词向量能够将词语转换为数值向量，使得具有相似语义的词在向量空间中距离较近。安全内积计算可以用于分布式词向量训练，使得多个参与者可以共同训练模型，而无需共享他们的私有数据，在学习和训练的过程中保证输入数据的安全[35]。安全内积计算用于安全距离计算，对用户的位置信息进行加密和保护，比如在传染病的接触者追踪中，安全内积计算计算用户与感染者加密位置信息的内积，识别与感染者的潜在接触[36]。在保护个人隐私的同时，为公共卫生安全提供了有力的支持。总的来说，安全内积计算在保护个人隐私和敏感数据方面发挥着重要作用。通过这种方式，可以在多方协作的场景下，实现数据的安全处理和计算，从而推动了多个领域的发展。

2.3.2　PSI 协议

PSI 协议是安全多方计算中的一类协议，解决了在多个集合协作中如何安全地识别和共享数据集合的共同元素，而不泄露各自数据集合的问题，因此 PSI 协议得到了研究人员的广泛关注[37]。基于其使用的底层密码技术，可以将其分为基于 OT 的 PSI 协议、基于 RSA 或双线性映射的 PSI 协议以及基于混淆电路的 PSI 协议等。

对于基于 OT 的 PSI 协议，核心思想是通过 OT 协议以及伪随机函数，参与方之间互相传输信息但不会直接揭示自己的集合数据。在基于 OT 的 PSI 协议中，计算开销和通信开销与运行 OT 协议的次数有关。每次 OT 协议的执行都涉及复杂的密码学运算，因此，当集合较大时，需要执行更多的 OT 协议，这将导致计算开销和通信开销的增加。为了优化这些开销，研究者们通常会寻求更高效的 OT 协议，或者采用批处理技术来减少 OT 协议的执行次数。Pinkas 等[38]提出了一种基于有效 OT 扩展技术的 PSI 协议，该协议可以根据集合大小进行有效扩展。对于基于 RSA 或双线性映射的 PSI 协议，这些协议的核心优势在于它们能够将大型数据集转换为较小的表示形式[39, 40]，减少了存储数据所需的空间，在减少计算和通信资源消耗的同时，保持高水平的安全性和隐私保护，即使数据在传输过程中被截获，攻击方也很难从压缩数据中恢复出原始信息。基于混淆电路的 PSI 协议是一种强大的隐私保护工具，它通过将隐私集合求交问题转换为布尔电路计算问题，实现了在不泄露任何非交集元素的情况下的安全交集计算。混淆电路可以实现将任意的功能函数转化为布尔电路的形式，其中包含了与、或、非等基本逻辑门，在电路中每个门的输入和输出都会被加密，以确保在计算过程中不会泄露任何敏感信息，最终电路可以得到正确的输出并且不泄露参与方的输入，混淆电路具有较强的通用性，可以设计各种 PSI 协议。然而，基于混淆电路的 PSI 协议也面临着计算效率和内存占用方面的挑战，混淆电路通常需要大量的门和密钥，这可能导致计算效率较低，尤其是在处理大规模数据集时，并且每个电路元素都需要存储密钥信息，因此内存占用可能成为一个问题。Huang 等[41]提出了三种针对不同的集合大小和域的基于混淆电路的 PSI 协议，通过对集合的数据项进行排序，并对相邻元素进行比较，从而通过优化底层电路设计提高了 PSI 协议的性能。

PSI 在隐私计算领域中具有广泛的应用和重要意义，例如在医疗行业中，多家医院都维护着自己的数据库，PSI 协议可以协助医院获得数据库的交集，可以了解他们的共同患者，期望得到患者的更多治疗细节[42]。此外，PSI 也可用于人类基因匹配[43]、卫星碰撞分析[44]、恶意软件检测[45]等场景中，保证数据的“可用不可见”。在基因匹配中，不同研究机构分别持有不同个体的基因数据，而这些数据包含着个人的隐私信息。利用 PSI 协议，这些机构可以安全比较基因库中的数据，找出共同的基因片段或者变异，而不需要泄露具体的基因信息。通过 PSI 协议，这些机构可以在保护数据隐私的同时，实现基因数据的交叉比对，从而发现共同的基因特征或者变异，进一步推动基因相关研究的进展。这对于研究遗传性疾病、进行个体基因分析等方面都具有重要意义，并且能够有效保护个体的隐私信息。PSI 协议作为隐私计算领域的一项重要成果，极大地推动了数据隐私保护和安全多方计算的发展。随着技术的不断进步和优化，PSI 协议有望解决更多的隐私保护问题，为构建一个更加安全、隐私友好的数字世界做出更大的贡献。

2.3.3　不经意随机访问机技术

不经意随机访问机（ORAM）是一种密码学技术，旨在允许用户在不泄露任何关于其正在访问的数据的信息的情况下，从数据库中读取或写入数据。这种技术的核心思想是“不经意性”，即数据的持有者无法知道用户正在访问或修改哪些具体数据项，在隐藏访问模式的前提下，提供客户端对存储在服务器上数据的随机访问服务。随着计算机技术的发展，数据存储和处理的方式发生了巨大变化。特别是云计算的兴起，使得个人和企业的数据越来越多地存储在远程服务器上。这种模式虽然带来了便利性和可扩展性，但也引发了隐私保护的问题。用户存储在云端的数据可能会被服务提供商或其他第三方窥视。访问模式泄露容易受到统计推理攻击。这种攻击利用加密索引和加密文件集的访问模式泄露。通过分析访问模式的统计信息，攻击方可能推断出关于数据的敏感信息，例如数据项的频率、访问顺序等。通过对访问模式进行统计分析，攻击方可以利用这些信息来推断出用户对数据的访问模式，从而泄露出用户的隐私。例如对于可搜索加密方案，攻击方可以通过注入文件攻击来恢复查询信息[46]，它利用了可搜索加密方案中的一个特性：客户端会将服务器发送的文件加密后存储。在这种攻击中，攻击方可以选择性地向客户端发送特定的文件，这些文件被客户端加密并上传到服务器。然后，攻击方可以通过分析客户端对这些文件的搜索查询来推断出客户端的搜索关键词。

传统的隐藏访问模式的方式是通过接触内存中的每个元素并使用多路复用器来确保只有所需的元素实际被读取或写入[47]。这种方法虽然有效地确保了数据的不经意性（data-obliviousness），但它需要昂贵的安全计算，涉及 $O(n)$个门电路对每个单独的内存访问。由于访问开销与整个内存的大小呈线性关系，这种扫描方法都是不切实际的。研究人员不断寻找可以提供更加安全高效的数据存取方式，ORAM 就是其中的一种。ORAM 最早是 1996 年由 Goldreich 和 Ostrovsky 提出的，客户端在访问数据的过程中通过重新加密以及不断改变数据的物理地址来实现对远程存储的访问模式的隐藏[48]。ORAM 的目标是即使在恶意的服务器面前，用户也可以自由地访问其数据，而不会泄露任何关于其访问数据的信息。ORAM 技术通常用于数据外包的场景下，远程服务器并非完全可信任，虽然存储之前会对用户的数据进行加密操作，但是攻击方仍然可以推测用户所访问的数据位置，以及用户对数据是进行读取操作还是写入操作[49]。

ORAM 可以与安全多方计算结合，实现在保护数据隐私的同时进行数据处理，确保参与方共享数据时的安全性，可以为隐私数据的计算任务提供更高的安全性保障。传统的安全计算方法通常将函数表示为电路，如果函数依赖于每个输入位，则意味着协议的复杂度至少与输入大小呈线性关系。这对于涉及大量输入数据的安全计算应用(例如数据库搜索)是一个巨大的挑战。Ostrovsky 和 Shoup[50]首次提出通过安全多方计算和 ORAM 实现了基于多个服务器的私有信息存储和检索，这些信息分布式存储在不同的数据库中，所提协议的目标是最小化通信开销并且使得数据库不获取任何数据以及用户查询性质的任何信息，包括从数据库读取或者写入的特定地址等访问模式。Keller 和 Scholl[51]提出了一种安全多方计算协议，允许在 RAM 模型中进行高效的茫然计算，即执行的指令序列不会透露给攻击方，只会透露运行时间。同时，基于 Shi 等[52]提出的 SCSL ORAM 协议和 Stefanov 等[53]提出的 Path ORAM 协议，Keller 和 Scholl 提出了用于安全多方计算的包括数组和字典等在内的高效数据结构，将该数组定义为一个可以使用秘密索引的秘密共享数组，而不泄露数据索引，同时可以通过秘密共享的密钥来访问字典。Gordon 等[55]使用 Yao[54]的混淆电路协议和 Shi 等[52]的 ORAM 协议，提出了一种结合通用安全两方计算和不经意随机访问机协议的方法，用于在 RAM 上以亚线性时间计算函数。这种方法使得每个参与方只需要维护与其自身输入大小几乎呈线性关系的状态。

Doerner 和 Shelat[56]为优化安全两方计算协议设计并实现了一种分布式的 ORAM 数据结构，即分布式不经意随机访问存储器（distributed oblivious random access memory，DORAM），显著减少了实现 ORAM 所需的安全计算量，特别是在处理具有大量数据的集合时，减少了对存储资源的消耗。ORAM 作为安全多方计算领域中的一个关键概念，它提供了一种机制，允许一方在不泄露访问模式的情况下从另一方获取数据。这种技术的核心优势在于，即使在数据被访问的情况下，也无法推断出任何有关访问者意图或查询内容的信息。随着对数据隐私和安全性要求的不断提高，ORAM 技术的应用变得越来越重要，特别是在云计算、大数据处理和分布式系统等场景中。未来，随着技术的进一步发展和完善，ORAM 有望在保护用户隐私的同时，提高数据处理的效率和安全性，为构建更加可靠的隐私保护系统提供强有力的支持。

2.3.4　基于身份的签名方案

基于身份的签名（identity-based signature，IBS）方案是一种特殊的数字签名技术，它允许用户使用标识用户身份的唯一信息（如电子邮件地址、用户名等）作为公钥，而不需要传统的公钥证书。传统的基于公钥基础设施（public key infrastructure，PKI）的密码系统中，核心组件包括证书颁发机构（certificate authority，CA）、注册机构（registration authority，RA）、证书撤销列表（certificate revocation list，CRL）和密钥恢复系统等。其中，RA 负责接受用户的注册申请，对申请者的身份进行初步验证，然后将验证结果和证书申请转发给 CA。

CA 是 PKI 系统的核心，CA 通过验证用户的身份信息，并为该用户生成一对公钥和密钥，然后将公钥及其相关的身份信息捆绑在一起，并使用自己的密钥对其签名，创建一个数字证书。数字证书就像是身份证一样，用于保证用户身份的真实性。同时当用户的数字证书因为密钥泄露、用户信息变化或其他原因不再安全时，CA 会将其添加到 CRL 中。CRL 是一份由 CA 维护的列表，记录了所有被撤销的证书。任何依赖于证书的实体都应该检查 CRL，以确保所使用的证书仍然有效。然而，PKI 系统也存在一些挑战。例如，CA 的密钥一旦被泄露，整个系统的安全性就会受到严重威胁。此外，证书的管理和撤销也是一个复杂的过程。CRL 需要定期更新，以确保该系统中的所有实体都能访问到最新的证书状态信息。密钥恢复系统的建立也是为了应对密钥丢失或损坏的情况，以便用户能够恢复其密钥，继续使用数字证书。因此 Shamir[57]提出了第一个基于身份的签名方案，可以解决传统的 PKI 系统中证书生成、分发、管理、撤销等诸多问题。在 IBS 方案中，一个用户只需要知道另一个用户的身份，就可以借助私钥生成中心（private key generator，PKG）和一组公共参数实现与该客户进行签名-验证的过程，签名者不需要从 CA 获取一个证书，而是直接使用身份信息作为公钥。这个身份信息通常由一个可信的 PKG 进行验证，PKG 负责生成和分发私钥。基于身份的签名方案中，用户的身份信息本身就是公钥，无需第三方机构来颁发和维护证书。系统可以根据需要轻松地添加或删除用户，而无需更新大量的证书，同时可以降低密码系统的复杂性和计算成本。

基于身份的签名方案包含密钥生成（KeyGen）、生成私钥（Extract）、签名（Sign）、验证（Verify）4 个算法。

（1）KeyGen：输入安全参数 λ、生成系统的公共参数以及系统的主私钥 msk。

（2）Extract：输入系统的公共参数、系统主私钥 msk 以及用户的身份 id_i，生成并输出用户的公钥 $\mathrm{pk}_i = \mathrm{id}_i$、用户的私钥 sk_i。

（3）Sign：签名方输入私钥 sk_i 以及要签名的信息 m，根据具体的身份签名方案的签名过程，生成并输出该信息的签名 $\sigma(m)$。

（4）Verify：得到签名的验证方输入签名方的公钥 pk_i、消息 m 以及其签名 $\sigma(m)$，根据具体的身份签名方案的验证过程，验证该签名是否正确，如果验证成功，输出 True，否则输出 False。

随着信息技术的快速发展和网络应用的广泛普及，网络安全问题日益成为公众关注的焦点。在这种背景下，IBS 方案因其在密钥管理和用户认证方面的独特优势而受到了越来越多的关注。IBS 方案具有广泛的应用场景，包括无线局域网络的认证[58]、物联网[59]、电子邮件安全[60]等。无线网络是通过无线电波的形式传输数据，在无线网络覆盖范围内所传输的数据都可能被窃听，因此无线网络的认证机制、密钥协商机制以及访问控制机制共同保证无线网络的安全，而接入认证安全则是无线网络安全的第一道屏障，设备（如智能手机、平板电脑等）在接入网络时需要进行身份认证。IBS 方案可以使用设备的身份信息（MAC 地址或者设备序列号）作为公钥，提高认证效率。同样在智能交通、智能电网管理和智慧医疗等物联网应用中，所有的数据都是通过网络在物联网设备与远程用户之间共享的，由于需要将收集到的数据传输并存储在云服务器上，用户可以随时随地通过云服务器查询和处理数据，对物联网环境下的各种数据的安全和隐私而言，需要互相身份验证来安全访问各种物联网服务，可以使用 IBS 方案实现远程用户身份验证来尽可能防止恶意入侵者未经授权的访问[61]。为了满足多样化的需求，研究人员和开发者设计了多种基于身份的签名方案，例如基于身份的盲签名方案[62]，允许用户在不向签名者透露消息内容的情况下获得签名，这种方案在需要保护用户隐私的应用中非常有用，例如电子投票或匿名认证；基于身份的群签名方案[63]，群签名允许群内的合法成员代表整个群进行签名，而无法通过签名来确定签名者的身份信息，在需要群体身份验证但又不需要暴露个体身份的场景，比如电子商务交易以及智能交通系统中可以用于参与方的身份验证。这些方案各有特点，能够适应不同的应用环境和安全需求。

参 考 文 献

[1] Rivest R L，Adleman L，Dertouzos M L. On data banks and privacy homomorphisms[J]. Foundations of Secure Computation，1978，4（11）：169-180.

[2] Paillier P. Public-key cryptosystems based on composite degree residuosity classes[C]//Advances in Cryptology（EUROCRYPT'99），1999：223-238.

[3] Elgamal T. A public key cryptosystem and a signature scheme based on discrete logarithms[J]. IEEE Transactions on Information Theory，1985，31（4）：469-472.

[4] Mahdikhani H，Lu R X，Zheng Y D，et al. Achieving O（$\log^3 n$）communication-efficient privacy-preserving range query in fog-based IOT[J]. IEEE Internet of Things Journal，2020，7（6）：5220-5232.

[5] Zheng Y D，Lu R X，Guan Y G，et al. Efficient and privacy-preserving similarity range query over encrypted time series data[J]. IEEE Transactions on Dependable and Secure Computing，2022，19（4）：2501-2516.

[6] Zhang Z，Bao H Y，Lu R X，et al. KMSQ：Efficient and privacy-preserving keyword-oriented multidimensional similarity query in eHealthcare[J]. IEEE Internet of Things Journal，2024，11（5）：7918-7934.

[7] Guan Y，Zhang E Z，Xiong P，et al. Achieve edge-based privacy-preserving dynamic aggregation query in smart transportation systems[C]//2023 IEEE Global Communications Conference（GLOBECOM 2023），2023：880-885.

[8] Brakerski Z，Gentry C，Halevi S. Packed ciphertexts in LWE-based homomorphic encryption[C]//Public-Key Cryptography（PKC 2013），2013：1-13.

[9] Gentry C. Fully homomorphic encryption using ideal lattices[C]//Proceedings of the Forty-First Annual ACM Symposium on Theory of Computing，2009：169-178.

[10] Groth J，Kohlweiss M. One-out-of-many proofs：Or how to leak a secret and spend a coin[C]//Advances in Cryptology（EUROCRYPT 2015），2015：253-280.

[11] Bloom B H. Space/time trade-offs in hash coding with allowable errors[J]. Communications of the ACM，1971，13（7）：422-426.

[12] Fan L，Cao P，Almeida J M，et al. Summary cache：A scalable wide area web cache sharing protocol[J]. IEEE/ACM Transactions on Networking，2000，8（3）：281-293.

[13] Mitzenmacher M. Compressed Bloom filters[J]. IEEE/ACM Transactions on Networking，2002，10（5）：604-612.

[14] Chazelle B，Kilian J，Rubinfeld R，et al. The Bloomier filter：An efficient data structure for static support lookup tables[C]//Proceedings of the 5th Annual ACM-SIAM Symposium on Discrete Algorithms，2004：30-39.

[15] Bonomi F，Mitzenmacher M，Panigrahy R，et al. An improved construction for counting Bloom filters[C]// Algorithms（ESA 2006），2006：684-695.

[16] Bender M A，Farach-Colton M，Johnson R，et al. Don't thrash：How to cache your hash on flash[C]//3rd Workshop on Hot Topics in Storage and File Systems（HotStorage 11），2011.

[17] Fan B，Andersen D G，Kaminsky M，et al. Cuckoo filter：Practically better than Bloom[C]// Proceedings of the 10th ACM International on Conference on Emerging Networking Experiments and Technologies，2014：75-88.

[18] Pagh R，Rodler F. Cuckoo hashing[J]. Journal of Algorithms，2004，51（2）：122-144.

[19] Mosharraf A I M，Adnan M A. Improving query execution performance in big data using cuckoo filter[C]//2018 IEEE International Conference on Big Data（Big Data），2018：1079-1084.

[20] Grashöfer J，Jacob F，Hartenstein H. Towards application of cuckoo filters in network security monitoring[C]// 2018 14th International Conference on Network and Service Management（CNSM），2018：373-377.

[21] Wang Z H，Wang H F，Wang Y J，et al. Clasrm：A lightweight and secure certificateless aggregate signature scheme with revocation mechanism for 5G-enabled vehicular networks[J]. Wireless Communications and Mobile Computing，2022，（3）：1-20.

[22] Graf T M，Lemire D. Xor filters：Faster and smaller than Bloom and cuckoo filters[J]. ACM Journal of Experimental Algorithmics，2019，25：1-16.

[23] Merkle R C. A digital signature based on a conventional encryption function[C]. Advances in Cryptology（CRYPTO'87），1987：369-378.

[24] Merkle R C . Protocols for public key cryptosystems[C]//1980 IEEE Symposium on Security and Privacy，2014.

[25] Indyk P，Motwani R. Approximate nearest neighbors：Towards removing the curse of dimensionality[C]//Proceedings of the Thirtieth Annual ACM Symposium on Theory of Computing，1998：604-613.

[26] Yao A C. Protocols for secure computations[C]//23rd Annual Symposium on Foundations of Computer Science（SFCS 1982），1982：160-164.

[27] Wang L H，Hayashi T，Aono Y，et al. A generic yet efficient method for secure inner product[C]//Network and System Security（NSS 2017），2017：207-232.

[28] Dutta S，Nikam N，Ruj S. Secure computation of inner product of vectors with distributed entries and its applications to SVM[C]//Information Security Practice and Experience（ISPEC 2018），2018：533-542.

[29] Abdalla M，Bourse F，Caro A D，et al. Simple functional encryption schemes for inner products[C]//Public-Key Cryptography（PKC 2015），2015：733-751.

[30] Du W L，Atallah M J. Privacy-preserving cooperative statistical analysis[C]//Seventeenth Annual Computer Security Applications Conference，2001：102-110.

[31] Shaneck M，Kim Y. Efficient cryptographic primitives for private data mining[C]//2010 43rd Hawaii International Conference on System Sciences，2010：1-9.

[32] Du W L，Zhan Z J. Building decision tree classifier on private data[C]//Proceedings of the IEEE International Conference on Privacy，Security and Data Mining，2002：1-8.

[33] Goethals B，Laur S，Lipmaa H，et al. On private scalar product computation for privacy-preserving data mining[C]//Information Security and Cryptology（ICISC 2004），2004：104-120.

[34] Kim S，Lewi K，Mandal A，et al. Function-hiding inner product encryption is practical[C]//Security and Cryptography for Networks（SCN 2018），2018：544-562.

[35] Zhang M，Li Z A，Zhang P. A secure word vector training scheme based on inner-product functional encryption[C]//Security and Privacy in Social Networks and Big Data（SocialSec 2022），2002：65-82.

[36] Tan G，Wang Y Z，Wang J，et al. An inner product function encryption scheme for secure distance calculation[C]//Frontiers in Cyber Security（FCS 2023），2024：353-369.

[37] Morales D，Agudo I，Lopez J. Private set intersection：A systematic literature review[J]. Computer Science Review，2023，49：100567.

[38] Pinkas B，Schneider T，Zohner M. Scalabler private set intersection based on OT extension[J]. ACM Transactions on Privacy and Security. 2018，21（2）：1-35.

[39] Karantaidou I，Baldimtsi F. Efficient constructions of pairing based accumulators[C]//2021 IEEE 34th Computer Security Foundations Symposium（CSF），2021：1-16.

[40] Camenisch J，Kohlweiss M，Soriente C. An accumulator based on bilinear maps and efficient revocation for anonymous credentials[C]//Public-Key Cryptography（PKC 2009），2009：481-500.

[41] Huang Y，Evans D，Katz J. Private set intersection：Are garbled circuits better than custom protocols？[C]//Network and Distributed System Security Symposium，2012.

[42] Miyaji A，Nakasho K，Nishida S. Privacy-preserving integration of medical data：A practical multiparty private set intersection[J]. Journal of medical systems，2017，41：1-10.

[43] Troncoso-Pastoriza J R，Katzenbeisser S，Celik M. Privacy preserving error resilient DNA searching through oblivious automata[C]//Proceedings of the 14th ACM Conference on Computer and Communications Security，2007：519-528.

[44] Kamm L，Willemson J. Secure floating point arithmetic and private satellite collision analysis[J]. International Journal of Information Security，2015，14（6）：531-548.

[45] Sun H，Su J S，Wang X F，et al. Primal：Cloud-based privacy-preserving malware detection[C]//Information Security and Privacy（ACISP 2017），2017：153-172.

[46] Zhang Y P，Katz J，Papamanthou C. All your queries are belong to us：The power of File-Injection attacks on searchable encryption[C]//25th USENIX Security Symposium（USENIX Security 16），2016：707-720.

[47] Doerner J，Shelat A. Scaling ORAM for secure computation[C]//Proceedings of the 2017 ACM SIGSAC Conference on Computer and Communications Security. 2017：523-535.

[48] Goldreich O，Ostrovsky R. Software protection and simulation on oblivious RAMs[J]. Journal of the ACM（JACM），1996，43（3）：431-473.

[49] Gagliardoni T. An introduction to ovlivious RAM（ORAM）[EB/OL].（2020-04-22）[2024-10-19]. https://research.kudelskisecurity.com/2020/04/22/an-introduction-to-oblivious-ram-oram/.

[50] Ostrovsky R，Shoup V. Private information storage[C]//Proceedings of the Twenty-ninth Annual ACM Symposium on Theory of Computing，1997：294-303.

[51] Keller M，Scholl P. Efficient，oblivious data structures for MPC[C]//Advances in Cryptology（ASIACRYPT 2014），2014：506-525.

[52] Shi E，Chan T H H，Stefanov E，et al. Oblivious RAM with O（$(\log N)^3$）worst-case cost[C]//Advances in Cryptology（ASIACRYPT 2011），2011：197-214.

[53] Stefanov E，Dijk M，Shi E，et al. Path ORAM：An extremely simple oblivious RAM protocol[J]. Journal of the ACM（JACM），2018，65（4）：1-26.

[54] Yao A C C. How to generate and exchange secrets？[C]//27th Annual Symposium on Foundations of Computer Science（Sfcs 1986），1986：162-167.

[55] Gordon S D，Katz J，Kolesnikov V，et al. Secure two-party computation in sublinear（amortized）time[C]//Proceedings of the 2012 ACM Conference on Computer and Communications Security，2012：513-524.

[56] Doerner J，Shelat A. Scaling ORAM for secure computation[C]//Proceedings of the 2017 ACM SIGSAC Conference on Computer and Communications Security，2017：523-535.

[57] Shamir A. Identity-based cryptosystems and signature schemes[C]//Advances in Cryptology（CRYPTO 1984），1985：47-53.

[58] 王志蓬，林慕清，季东杰，等. 无线局域网中基于身份签名的接入认证方案[J]. 计算机工程，2014，40（12）：108-113.

[59] Liu H，Han D Z，Cui M M，et al. IdenMultiSig：Identity-based decentralized multi-signature in internet of things[J]. IEEE Transactions on Computational Social Systems，2023，10（4）：1711-1721.

[60] Hameed S，Kloht T，Fu X M. Identity based email sender authentication for spam mitigation[C]//Eighth International Conference on Digital Information Management（ICDIM 2013），2013：14-19.

[61] Shafiq A，Ayub M F，Mahmood K，et al. An identity-based anonymous three-party authenticated protocol for IoT infrastructure[J]. Journal of Sensors，2020，2020（1）：8829319.

[62] Kumar M，Chand S，Katti C P. A secure end-to-end verifiable internet-voting system using identity-based blind signature[J]. IEEE Systems Journal，2020，14（2）：2032-2041.

[63] Ibraimi L，Nikova S I，Jonker W，et al. An identity-based group signature with membership revocation in the standard model：CTIT technical report series：No.TR-CTIT-10-26[R]. 2010.

第 3 章　卫星边缘计算中的安全任务委托框架

针对轨道运行模式和恶劣太空环境的独特安全需求，本章提出一种在智能电网线路中断识别场景下的安全卫星边缘计算框架。目前卫星网络安全工作主要集中在认证、通信链路的保密性[1-3]以及安全移动性管理[4, 5]。这是第一个考虑星间安全任务委托以及星-地安全内积计算的卫星边缘计算框架。通过结合安全查询（secure query，SQuery）方案、支持 SHE 的安全内积加密（secure SHE-enabled inner product encryption，SSIPE）方案和类 Schnorr 的基于身份的签名（IBS）方案，实现不同卫星之间的安全任务委托以及基于多元逻辑斯谛回归（multinomial logistic regression，MLR）的安全线路中断识别。首先，本章提出一种安全可用的时隙查询方案，用于实现卫星间的安全任务委托。具体来说，本章提出一种名为 SQuery 的高效方案，该方案结合 SHE 密码系统[2]和一对多承诺证明协议[3]。通过 SQuery 方案，委托卫星在任务成功委托之前可以秘密查询被委托卫星的星载资源占用情况。其次，本章提出安全线路中断识别方案。SSIPE 方案用于在轨安全内积计算，实现地面接入点（ground access point，GAP）与卫星之间的近实时中断识别。同时，利用类 Schnorr 的 IBS 方案，确保所涉及的 MLR 模型参数和相量测量单元（phasor measuring unit，PMU）设备收集的数据的来源可靠和真实性。最后，本章对方案进行安全性分析，来证明方案满足机密性和身份验证的安全属性。在实验评估中，在任务委托和执行阶段将所提出的方案与其他方案进行对比。为了降低密文间同态乘法运算带来的计算开销，本章提出部分安全查询（divide-and-conquer SQuery，DSQuery）方案，利用“分而治之”的思想，将这种同态乘法运算转化为开销更小的同态加法运算。

3.1　相 关 工 作

由于安全卫星边缘计算的研究尚处于起步阶段，目前对该领域的研究较少。

本节首先分析卫星边缘计算的安全需求，其次回顾现有的卫星网络安全机制，最后简述其他相关研究。

3.1.1 需求分析

随着太空工业化的发展，科学研究、地球观测和国家安全等方面生成和收集了大量的卫星数据，并且随着数据量的不断增加，数据的收集、格式化、分析、处理和分发等过程也面临更多的挑战[6, 7]。为了应对这些挑战，研究人员提出了卫星边缘计算，可以更快地分析和处理在太空中收集的数据。卫星边缘计算将卫星视为边缘设备，将地面上的计算模型转移到卫星上，缓解了卫星网络的流量拥堵[8]。低轨巨型星座通过各类星载传感器和光学相机，为边缘存储和处理设备提供了合适且充足的空间。卫星边缘计算可以保证通信、计算和存储资源的全覆盖，特别是在环境恶劣或人口分布稀少的地区[9, 10]。

当前卫星边缘计算主要用于在轨感知数据的高效压缩和融合，以减少下行传输的数据量。未来的卫星边缘计算将利用人工智能（AI）来解决地球观测、事件识别和通过卫星星座实现星载自我诊断和治疗等复杂问题。近期，卫星边缘计算受到天气观测[6]、协助疫情分析[11]以及石油和天然气公司等应用领域的关注，希望能借助其加快数据处理和传输。具体来说，通过利用卫星在轨设备来分析从输配电系统收集的数据，可以监控并快速识别地面通信网络无法覆盖的偏远地区的电力基础设施故障，特别是在极端天气条件下[12, 13]。本节将以智能电网中利用卫星边缘计算来实现线路中断识别为例，阐述所提出的安全卫星边缘计算框架。

首先，根据轨道运行模式，卫星网络面临着新的安全问题。在卫星系统中，给定卫星的任务执行周期，可以根据卫星星历确定其在地球上的覆盖区域。给定一个固定的时间点，卫星的轨道参数是公开且确定的。卫星网络的最终目标是实现地面通信网络无法覆盖的区域的宽带覆盖，这些区域通常人口稀少，难以到达，攻击方可能会根据目标执行位置推断出任务内容。由于卫星边缘资源由多个行业和个人共享，因此需要在执行任务的卫星能够完成任务的基础上保护包括任务周期在内的任务内容。由于每颗卫星的运动轨迹是固定的，特定位置的持续观测任务可能无法由一颗卫星独立完成。然而，卫星在太空中独立运行，可能由不同的运营商维护，每颗卫星都面临各种与硬件和软件相关的安全漏洞，很难跟踪[14]。

从安全角度来看，卫星在太空中的密集部署使得黑客可以破坏数据传输，也可以干扰卫星的正常运行[15, 16]，包括篡改、窃听、流量劫持和分布式拒绝服务攻击等[17]。因此，由多颗卫星参与的协同观测任务需要：①确保参与卫星的合法性；②验证任务的真实性并将任务内容存储在执行卫星内部；③保护每颗卫星的星载资源的可用性，这涉及卫星运营商的业务和商业方面的敏感内容。在智能电网的线路中断识别中，任务包括电力线路的状态和区域能源供应的状态。将任务内容透露给无关实体可能造成不必要的恐慌，扰乱能源供应。因此，在成功委托之前，需要保护卫星边缘计算的线路中断识别任务的内容。

其次，研究人员认为卫星边缘计算框架可称为“具有空间弹性的超级计算系统”[6]，但天基电子处理器面临着恶劣辐射、极端温度和有效载荷重量等问题。地面计算机不能在没有经过辐射屏蔽和热管理的情况下直接用于太空，资源有限的在轨存储和处理单元不适合需要大规模 AI 模型的应用[18]。以基于 AI 的协同观测任务为例，由于卫星的处理能力、存储空间和星间链路的通信流量有限，需要评估模型参数和处理数据的规模。从安全角度来看，由于卫星边缘计算是多个实体共享的天基公共资源，模型参数的知识产权属于观测任务的客户，卫星不能学习这些参数，需要保密保护[19]。因此，在卫星边缘计算框架中需要保证模型参数和处理数据的保密性，也需要降低复杂性。在线路中断识别中，模型参数的知识产权以及从相量测量单元（PMU）设备收集的数据属于电力运营商，需要保护其机密性。

3.1.2　卫星网络安全机制

近年来，卫星通信网络发展到以星链（Starlink）卫星星座为代表的新阶段。攻击方可能窃听、篡改甚至改变卫星传输流量来发动大规模网络攻击[17]。Koroniotis 等[20]提出了一种基于深度学习（deep learning，DL）的网络框架，用于检测和跟踪智能卫星网络中的网络攻击活动。为了保证卫星网络路由的安全性，控制消息的认证和机密性问题已经得到了广泛的研究[21]。例如，Gharib 等[22]首先使用加权有向图对卫星网络中的路由问题进行建模，提出了一种安全的密钥预分发协议。基于密码学的解决方案在卫星网络中的应用主要集中在星地链路和星间链路的保密性和认证，以及安全移动性管理机制，即安全切换机制和安全位置管理。

卫星通信链路的安全性研究：针对安全卫星网络设计了不同的密钥共享和协

商协议[17]。例如，Altaf 等[23]提出了一种针对移动卫星环境的密钥协议认证方案。为了实现安全的卫星传输，Qi 和 Zhi[24]提出了一种适用于卫星网络的安全认证和访问控制模型。Roy-Chowdhury 等[25]解决了卫星网络中的通信安全问题，提出一种分层密钥管理方法，用于混合网络中为组通信增加数据安全性。Hubenko 等[26]为 LEO 卫星系统中的组播架构提出了一种安全机制，以减少密钥分发量。Howarth 等[27]提出了一种安全的 LEO 卫星组播流量传输机制，利用逻辑密钥树（LKH）来降低生命周期密钥管理的成本。Lohani 和 Joshi[28]通过引入量子密码的方法实现了安全的数据通信方法。他们的方案表明，量子密码学比传统的密码系统更节省时间且更安全。Li 等[29]开发了一种由卫星和地面设备组成的架构。该体系架构集成了通信网络认证和隐私保护结构。在该方案中，信息的传输、注册、认证和撤销是分阶段完成的，以提高通信的安全性。然而，这些方案只考虑卫星网络中通信链路的认证和机密性。

卫星网络中移动性管理的安全性研究：由于 LEO 卫星的轨道特性，其连接会不断受到接入卫星变化的影响，为了适应卫星和地面站的频繁切换，众多研究人员研究安全移动性管理机制。为实现接入卫星的安全切换需要从相互认证、密钥建立、前向/后向密钥分离等方面考虑切换过程中的各种安全属性。Yang 等[4]为了在切换过程中实现高效匿名认证，提出了一种适用于空间信息网络中快速漫游场景的群签名方案。Xue 等[30]在考虑安全高效的接入过程的基础上，提出了另一种空间信息网络的安全切换机制。此外，也有研究人员针对 LEO 卫星星座的星间切换提出安全切换机制，实现了认证和前向/后向密钥分离的安全目标[31]。然而，上述研究都是针对当前和未来卫星网络的信息传输方式和加密方法，主要侧重于将网络覆盖范围扩展到偏远位置，并没有考虑在轨计算过程的安全保障。

3.1.3　其他相关研究

目前有关卫星边缘计算的文献主要集中在星载资源的资源管理上，目标是在有限的在轨能量供应下实现最优性能。Leyva-Mayorga 等[9]针对实时高分辨率对地观测图像处理，提出了一种通用的卫星移动边缘计算框架。Kim 等[10]提出了一种支持物联网的 SatEC 架构，其切片调度基于统计卸载和卫星高度，同时，针对卫星的时延、计算能力和传输功率衰减等，提出了支持物联网的 SatEC 的多目标优化问题。Pfandzelter 和 Bermbach[32]为实现高效的 LEO 卫星的边缘资源分配，研究了选择卫星服务器和卫星服务副本的最优子集的问题。Gao 等[33]提出了一种博弈论方法，用于在卫星边缘计算中放置虚拟网络功能，实现了物联网用户分配的最优化和部署成本的最小化。然而，上述边缘计算框架旨在提高在轨资源约束下的效率，没有考虑相关的安全威胁。

Uddin 和 Kumar[34]研究了基于 SDN 的联邦学习框架与物联网网络的卫星结合，在本地维护收集的数据来防止数据泄露和入侵。然而，该方案没有考虑卫星在轨处理带来的独特安全问题。本节的卫星边缘计算框架旨在为偏远地区设备提供近站点、星载服务，基本上包含边缘/云计算框架和卫星网络中的所有安全威胁。这是第一个考虑安全任务委托，并在卫星与地面之间进行安全在轨内积计算的卫星边缘计算框架。

3.2　系统模型、安全需求和设计目标

本节首先介绍基于卫星边缘计算的智能电网安全线路中断识别的系统模型；其次确定所提框架的安全需求，该框架受卫星轨道的影响较大；最后考虑有限的星载计算、通信和存储资源，进一步明确设计目标。

3.2.1　系统模型

卫星边缘计算为远程站点产生的传感数据提供了就近观测的机会，利用卫星的在轨计算能力可以快速诊断关键基础设施的故障。在电网上空运行的 LEO 卫星可以持续监测电网并将观测结果近实时地自动传送至控制中心，特别是在地震和雷暴等极端天气条件下。本节主要讨论支持智能电网安全线路中断识别应用的卫星边缘计算框架[36]。

线路中断识别应用利用 PMU 设备产生的测量数据来检测由单线中断而引起的网络拓扑变化。所构建的 MLR 模型[36]利用每种中断场景的电压相量变化作为观测输入向量，输出向量为故障类型。该方案中计算量最大的部分是 MLR 模型的训练，可以在集中式地面云中心离线完成。同时，中断识别过程只需要利用由 GAP 上传的 PMU 数据与经过训练的模型参数进行向量内积运算，可以由卫星边

缘节点近实时完成。如图 3.1 所示，本节重点介绍智能电网中基于 LEO 卫星边缘计算的线路中断识别过程，系统模型主要包括三个实体：控制中心（CC）、LEO 卫星和 GAP。

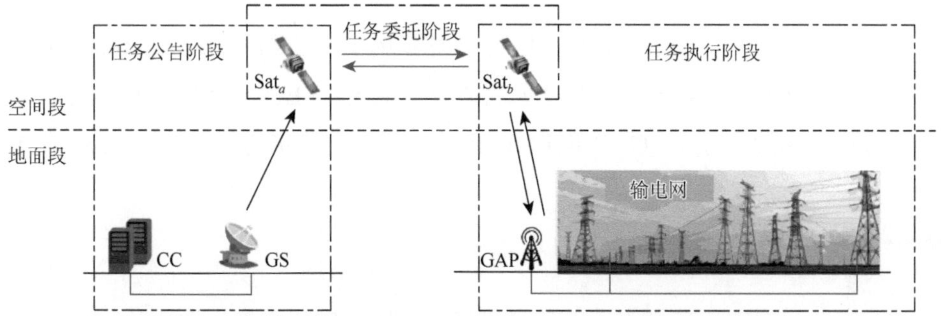

图 3.1　基于 LEO 卫星边缘计算的线路中断识别方案示意图

（1）CC：负责整个电网的态势感知，通过线路中断识别不断评估电网的运行状态。CC 根据各种单线中断情况下的 PMU 电压变化构建多个特征向量，利用收集到的数据使用 MLR 模型来训练线路中断识别的分类器。此外，CC 与卫星运营商签约，该卫星运营商将地面站（GS）用作地面接入点，并将日常线路中断识别任务委托给太阳同步卫星 Sat_a。

（2）LEO 卫星：在一般的天气条件下，签约的太阳同步卫星（Sat_a）执行线路中断识别任务，如图 3.1 任务公告阶段所示。而在极端天气条件下，控制中心打算执行更精细的中断识别过程（间隔几个小时）。此时 Sat_a 检查邻近卫星的星历，并将每个识别任务委托给另一个 LEO 卫星（如 Sat_b），该卫星将会在所需时间段内到达目标 GAP 上方，如图 3.1 任务委托阶段所示。数字信号处理器（DSP）广泛用于提供星载处理能力，还配备了现场可编程门阵列（FPGA）用于在轨人工智能[37]。

（3）GAP：在电网上部署 PMU 设备，检测单线中断引起的网络拓扑变化；同时，所监测区域内的 PMU 设备将收集到的数据传输到 GAP。在每个任务执行期间，GAP 与每颗 LEO 卫星协同执行基于卫星边缘设备的实时中断识别过程，如图 3.1 任务执行阶段所示。

LEO 卫星网络设置，考虑太阳同步卫星星座，其中每颗卫星都会运行到极地区域上空，并总是在相同的当地时间到达同一地点，例如，每天都在完全相同的时间经过目标 GAP。由于 Sat_a 每天固定时间经过 GAP 上空，它可以进行持续的观测，电力运营商可以比较电力线路状态随时间的变化情况。在极端天气条件下，Sat_a始终能够定期寻找到其他时间段内经过目标 GAP 的其他卫星。太阳同步卫星星座使得 Sat_a 能够在极地区域附近雇佣其他轨道上的卫星来执行任务。

CC 和 GS 之间使用高带宽、低传输时延的安全有线链路，如图 3.1 所示。GS/GAP 和卫星之间的连接是通过星地链路实现的。LEO 卫星之间的传输是通过星间链路完成的。另外，GAP 和 PMU 设备之间利用稳定的局域网（LAN）连接。

3.2.2 安全需求

在安全模型中，首先假设 CC 是可信的，因为它属于电力运营商并位于运营中心。假设 LEO 卫星、GS 和 GAP 都是半诚实的。一方面，假设 GS 和 Sat_a 属于同一卫星运营商，而其他委托卫星可能属于其他卫星运营商。由于这些实体在太空中广泛分布，可能被注入恶意软件，攻击方可以被动监视传输的信息。另一方面，尽管 GAP 由电力运营商部署和管理，但由于其距离较远并且位置较为偏远，很少有人到达，它也可能遭受被动攻击。此外，假设提出的卫星边缘计算框架中不存在任何两个实体之间的共谋。因此，要在卫星边缘计算系统中完成安全线路中断识别任务，所提出的方案应满足以下安全需求。

（1）机密性：第一个安全需求是机密性，它可以分为三类。第一类，任务的机密性：在卫星系统中，精确的星历表以四分之一小时为基础直接给出地面固定坐标系下每颗卫星的三维坐标[38]，因此可以根据给定的任务执行周期直接推断出任务所在位置。在基于 LEO 卫星的线路中断识别任务中，基于任务执行周期（卫星与地面接入点之间的确切连接时间，约 10～15min），可以根据目标卫星的星历推断出 GAP 的位置，这可能会泄露任务的内容，特别是当 GAP 部署在农村地区时。由于电网的线路状态与区域能源供应高度相关，精细的线路中断识别任务的泄露可能会引起不必要的猜测和恐慌。每颗卫星的运行时间表（即卫星星载资源的占用情况）可能会暴露出各卫星运营商的服务模式，这在商业上需要得到保护。因此，在线路中断识别任务成功委托之前，委托卫星应向被委托卫星隐藏任务的执行周期，被委托卫星应向委托卫星隐藏其运行模式。第二类，模型的机密性：线路中断识别模型的知识产权属于电力运营商，该模型是通过从 PMU 设备收集的历史数据进行训练的。由于模型参数是由电力运营商训练和拥有的，因此不能直接与 LEO 卫星以及部署在开放环境中的 GS 和 GAP 共享。第三类，数据的机密性：GAP 收集的数据反映了电网线路的运行状态和输电规模，不能让卫星获取。同时，委托的卫星只能学习经过训练的线路中断识别模型的最终输出。

（2）身份验证：第二个安全需求是身份验证。在任务委托过程中，当签约卫星打算将线路中断识别任务委托给另一个卫星时，委托卫星应首先对被委托的卫星进行身份验证，被委托的卫星也应对委托卫星和任务的实际发起方（控制中心）进行身份验证。在中断识别过程中，GAP 需要在上传 PMU 设备收集的数据之前对委托卫星进行身份验证。

3.2.3　设计目标

在上述系统模型和安全需求下，该方案的设计目标是提出一个用于智能电网中的线路中断识别的安全卫星边缘计算框架。具体而言，所提出的方案应实现以下设计目标。

（1）所提出的方案应满足安全需求。如果所提出的方案不考虑机密性，则在线路中断识别任务成功委托之前，任务和服务模式可能会被泄露。同时，线路中断识别模型的知识产权和从 PMU 设备收集的数据可能受到侵犯，电力运营商可能不愿意参与基于卫星边缘计算的应用。如果卫星之间以及卫星与 GAP 之间不进行相互认证，则无法确认委托任务和模型参数的来源和正确性。如果安全目标无法实现，电力运营商可能不愿参与该过程，并且卫星边缘计算的应用潜力可能无法得到充分利用。

（2）所提出的方案应具有较高的效率。尽管 LEO 卫星星座应提供高速网络服务，但由于传播距离长且视距连接时间有限，需要仔细评估卫星与地面以及卫星之间的通信开销。在任务委托过程中，由于卫星可能无法对执行的任务达成一致，所提出的方案需要尽量减少通信开销。此外，在任务执行过程中，需要仔细评估线路中断识别过程引入的通信开销。当前的 LEO 卫星虽然具有一定的计算能力，但这些星载设备在尺寸、重量和功耗方面受到严格限制[39]。因此，需要仔细评估在任务委托和执行过程中使用加密操作的可行性。

3.3 安全线路中断识别方案

本节首先简述双线性映射；其次基于 2.1.1 节中的 SHE 算法提出 SQuery 方案，并进一步结合 SHE 算法提出 SSIPE 方案；再次提出一种安全线路中断识别方案；最后提出 DSQuery 方案，以减少密文之间同态乘法运算规模。

3.3.1 双线性映射

双线性映射（bilinear mapping）在密码学和计算机科学中是一种广泛使用的数学工具，尤其在构建各种高级加密协议和系统如同态加密、身份基加密和区块链技术中。简单来说，它是一种在特定类型的群上定义的映射，这种映射满足双线性的性质。在数学中，群（group）是一种代数结构，包括一组元素以及一个二元运算，这个运算符合封闭性、结合律、存在单位元和每个元素都有逆元的特性。椭圆曲线（elliptic curve）是在密码学中广泛使用的数学对象，其上的点形成一个群。椭圆曲线上的点满足特定的二次方程式，通常在有限域上定义，这使得它们适合于加密应用。

（1）双线性（bilinearity）：对于所有的 a，b 属于整数，以及 P 属于 G_1 和 Q 属于 G_2，有 $e(aP, bQ) = e(P, Q)^{ab}$。

（2）非退化（non-degeneracy）：如果 P 和 Q 是群中的非零元素则 $e(P, Q)$不等于单位元。

（3）可计算性（computability）：存在有效的算法可以计算 $e(P, Q)$。

双线性映射是现代密码学中一个非常重要的工具，它的双线性特性使其在构建高级加密协议和增强数据安全性方面发挥着至关重要的作用。尽管理解和实现它们可能相对复杂，但它们在保护数字信息和系统中起到了不可或缺的作用。

3.3.2 SQuery 方案

SQuery 方案可以从数据项序列中查询目标数据项，由一对多承诺证明协议的基本数据结构和多项式构造[3]，并与 SHE 密码系统[2]相结合。

（1）SQuery.KeyGen($k_M, k_r, k_L, k_{p_1}, k_{p_2}$)：给定安全参数($k_M, k_r, k_L, k_{p_1}, k_{p_2}$)，该密钥生成算法通过运行 SHE.KeyGen($k_M, k_r, k_L, k_{p_1}, k_{p_2}$)随机生成密钥(pp, pk, sk)。

（2）SQuery.QueryGen$(\boldsymbol{t}, t_b, \mathrm{sk})$：给定项目序列 $\boldsymbol{t} = (t_1, t_2, \cdots, t_k)$，$t_b \in \boldsymbol{t}$ 以及系统参数(α, β, l)，其中 $2\alpha \cdot l < \beta$，$2\beta \cdot (l+1) < k_M$，按照下述步骤查询目标项 t_b。

a. 首先标识目标项 t_b 对应的二进制序列 $\delta_{j,b_j} \in \{0,1\}$，$j \in \{1, 2, \cdots, \lceil \log_2 k \rceil\}$。其中，$\lceil \log_2 k \rceil < l$，$j$ 表示二叉树的层次，b_j 为 t_b 的第 j 层。当 $k = 8$、$b = 4$ 时，t_b 的二进制序列为 $\{\delta_{1,b_1} = 1, \delta_{2,b_2} = 0, \delta_{3,b_3} = 0\}$，如图 3.2 所示。

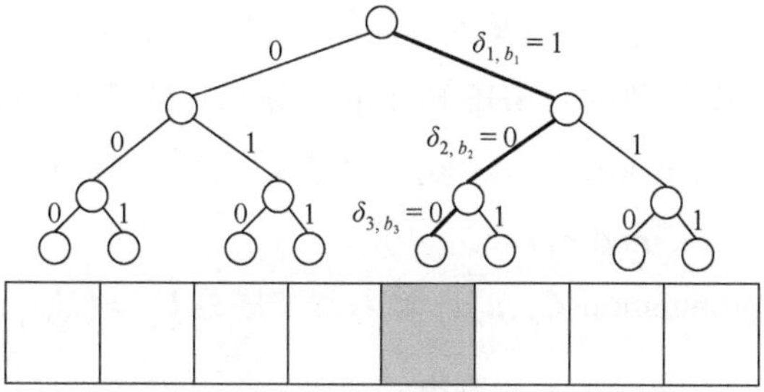

图 3.2　SQuery 中二进制序列的说明

b. 选择 β bit 的值 X 以及 α bit 的随机数 a_j ($j \in \{1, 2, \cdots, \lceil \log_2 k \rceil\}$)，计算

$$f_{j,1} = \delta_{j,b_j} \cdot X + a_j,\ f_{j,0} = (1 - \delta_{j,b_j}) \cdot X + a_j \tag{3.1}$$

c. 使用 SHE 密码系统的私钥 sk 生成相应的密文序列 C_{query} = SHE.Enc$_1$(sk, $f_{j,1}$)‖SHE.Enc$_1$(sk, $f_{j,0}$)，$j \in \{1, 2, \cdots, \lceil \log_2 k \rceil\}$。

（3）SQuery.Response(C_{query}, $\boldsymbol{w}$)：基于密文 C_{query} 和 $\boldsymbol{w}$，计算

$$W = \sum_{i \in \{1, \cdots, k\}} w_i \cdot \prod_{j=1}^{\log_2 k} \mathrm{SHE.Enc}_1(\mathrm{sk}, f_{j,i_j}) \tag{3.2}$$

（4）SQuery.Recovery(W, sk)：解密得 M = SHE.Dec(sk, W)，并最终得到 $\hat{m} = (M - (M \bmod X^{\lceil \log_2 k \rceil})) / X^{\lceil \log_2 k \rceil}$。

SQuery 方案用于从 k 个数据项中安全高效地识别一个数据项，其计算复杂度和通信复杂度均为 $O(\lceil \log_2 k \rceil)$，它只能恢复正在查询的项，而对其他项一无所知。SQuery 方案用于在一组时隙中选择目标时隙，以适应计算和通信资源受限的卫星网络场景。

3.3.3 SSIPE 方案

SSIPE 方案可以实现两个向量的安全内积计算。

（1）SSIPE.KeyGen($k_M, k_r, k_L, k_{p_1}, k_{p_2}$)：给定安全参数($k_M, k_r, k_L, k_{p_1}, k_{p_2}$)，密钥生成算法通过运行 SHE.KeyGen($k_M, k_r, k_L, k_{p_1}, k_{p_2}$)随机生成密钥（pp, pk, sk)。

（2）SSIPE.Enc(pk, $\boldsymbol{e}$, s, p_0, H)：输入向量 $\boldsymbol{d}$、满足$|p_0|<k_M$的素数 p_0、秘密的随机值 s 以及安全的单向哈希函数 H，计算向量 $\boldsymbol{u}=(u_1, u_2, \cdots, u_m)$，其中 $u_i = e_i \cdot k_i \bmod p_0$, $k_i = H(s\|i\|\text{ts}) \bmod p_0$（ts 表示时间戳），用公钥 pk 加密 $\boldsymbol{u}$，得到序列 $C_d = (E(u_1), \cdots, E(u_m))$，其中 $E(u_i) = \text{SHE.Enc}_2(\text{pk}, u_i)$，$i \in \{1, 2, \cdots, m\}$。

（3）SSIPE.TokenGen($\boldsymbol{d}$, s, p_0)：输入向量 $\boldsymbol{d}$，计算向量 $\boldsymbol{v}=(v_1, v_2, \cdots, v_m)$，其中 $v_i = d_i \cdot l_i \bmod p_0$，$l_i \cdot k_i \bmod p_0 = 1$。

（4）SSIPE.Computation($C_d, \boldsymbol{u}$)：输入密文序列 $C_d = (E(v_1), E(v_2), \cdots, E(v_m))$ 以及密文向量 $\boldsymbol{u}=(u_1, u_2, \cdots, u_m)$，计算内积值 $R = \sum_{i=1}^{m} \text{SHE.Enc}_2(\text{pk}, v_i) \cdot u_i = \text{SHE.Enc}_2\left(\text{pk}, \sum_{i=1}^{m} v_i \cdot u_i\right)$。

（5）SSIPE.Dec(R, sk)：输入内积值 R，使用私钥 sk 解密 $\text{SHE.Dec}(\text{sk}, R) \bmod p_0 = \sum_{i=1}^{m} v_i \cdot u_i \bmod p_0$。

SSIPE 方案是基于 SHE 密码系统设计的安全内积计算方案。该方案允许安全计算两个向量之间的内积，同时保护每个单独元素的值。SSIPE 方案支持卫星与地面接入点之间的安全内积计算，并最终使卫星能够得出结果。

3.3.4 安全线路中断识别方案

首先，介绍系统的初始化阶段；其次，说明基于类 Schnorr 的 IBS 方案的线路中断识别任务公告阶段，该阶段在 CC 和签约卫星之间执行[39]；再次，详细阐述基于 SQuery 方案的卫星之间的任务委托；最后，介绍基于 SSIPE 方案的卫星与 GAP 之间的任务执行过程。

1. 系统初始化阶段

在系统初始化阶段，假定 CC 作为可信权威中心（trusted authority，TA）来生成整个系统，如图 3.3 所示。先给定安全参数$(k_M,k_r,k_L,k_{p_1},k_{p_2})$，TA 通过运行 SHE.KeyGen $(k_M,k_r,k_L,k_{p_1},k_{p_2})$初始化 SHE 密码系统，得到 SHE 密码系统的密钥sk_c和公钥pk_c。TA 生成系统参数(α,β,t)，其中$2\alpha\cdot(t+1)<\beta$且$2\beta\cdot t<k_M$。

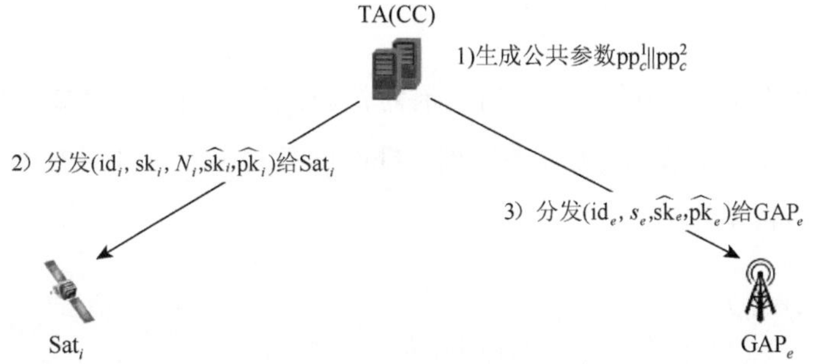

图 3.3　系统初始化阶段的说明

TA 选择一个满足$|p_0|=k_M$的素数p_0，选择哈希函数$h(\cdot):\{0,1\}^*\to\{0,1\}^\alpha$，公布 SHE 密码系统的公共参数$\mathrm{pp}_c^1=(\mathrm{id}_c,\ \mathrm{pk}_c,\ (k_M,k_r,\ k_L,\ k_{p_1},k_{p_2}),(p_0,\alpha,\beta,t),h(\cdot))$，其中$\mathrm{id}_c$表示 CC 的身份信息。

对于类 Schnorr 的 IBS 方案，TA 通过运行 IBS.KeyGen(η)输出系统公钥$\mathrm{mpk}=(G,g,q)$，其中η表示安全参数，G表示素数阶$q=q(\eta)$的群，g是群G的生成元。TA 选择三个哈希函数$H,H_1:\{0,1\}^*\to\mathbf{Z}_q$和$H_2:\{0,1\}^*\to G$。TA 运行 IBS.KeyExtract$(\mathrm{mpk},\mathrm{msk},\mathrm{id}_c)$生成对应的公私钥。然后 TA 选择随机数$r_c\in\mathbf{Z}_q$，计算$y_c=r_c+z\cdot H(g^{r_c},\mathrm{id}_c)\bmod q$，得到公私钥对（$\widehat{\mathrm{sk}}_c=y_c,\widehat{\mathrm{pk}}_c=g^{r_c}$）。最后 CC 公布类 Schnorr 的 IBS 方案的公共参数$\mathrm{pp}_c^2=(\mathrm{id}_c,(G,g,q),\ (H,H_1,H_2),\widehat{\mathrm{pk}}_c)$。

当身份信息为id_i的卫星Sat_i注册时，TA 首先运行 SHE.KeyGen$(k_M,k_r,k_L,k_{p_1},k_{p_2})$生成 SHE 密码的公私钥对，得到公私钥对$(\mathrm{pk}_i,\mathrm{sk}_i)$。TA 同时运行 IBS.KeyExtract$(\mathrm{mpk},\mathrm{msk},\mathrm{id}_i)$生成类 Schnorr 的 IBS 方案的公私钥，选择随机数$r_i\in\mathbf{Z}_q$，计算$y_i=r_i+z\cdot H(g^{r_i},\mathrm{id}_i)\bmod q$，得到公私钥对（$\widehat{\mathrm{sk}}_i=y_i,\widehat{\mathrm{pk}}_i=g^{r_i}$）。最终 TA 安全发送$(\mathrm{id}_i,\mathrm{sk}_i,N_i,\widehat{\mathrm{sk}}_i,\widehat{\mathrm{pk}}_i)$给$\mathrm{Sat}_i$。

当身份信息为id_e的GAP_e注册时，TA 先选择随机数s_e（分享 CC 与 GAP），

TA 运行 IBS.KeyExtract(mpk, msk, id_e) 生成类 Schnorr 的 IBS 方案的公私钥，选择随机数 $r_e \in \mathbf{Z}_q$，计算 $y_e = r_e + z \cdot H(g^{r_e}, \text{id}_e) \bmod q$，得到公私钥对（$\widehat{\text{sk}}_e = y_e, \widehat{\text{pk}}_e = g^{r_e}$）。TA 安全发送 $(\text{id}_e, s_e, \widehat{\text{sk}}_e, \widehat{\text{pk}}_e)$ 给 GAP_e。

2. 任务公告阶段

在极端天气条件下，CC 想要对与地面接入点 GAP_e 连接的电网进行更加精细的线路中断识别，CC 首先选择目标观测期 T_s 到 T_e，并确定不同任务之间的时间间隔 ΔT。

线路中断识别任务的时间序列表示为 $T = (T_1, T_2, \cdots, T_n)$。例如，任务 Task_i 是利用在时间点 T_{i-1} 和 T_i 之间生成的数据，在时间 T_i 之后的短时间内执行，如图 3.4 中任务公告阶段所示。

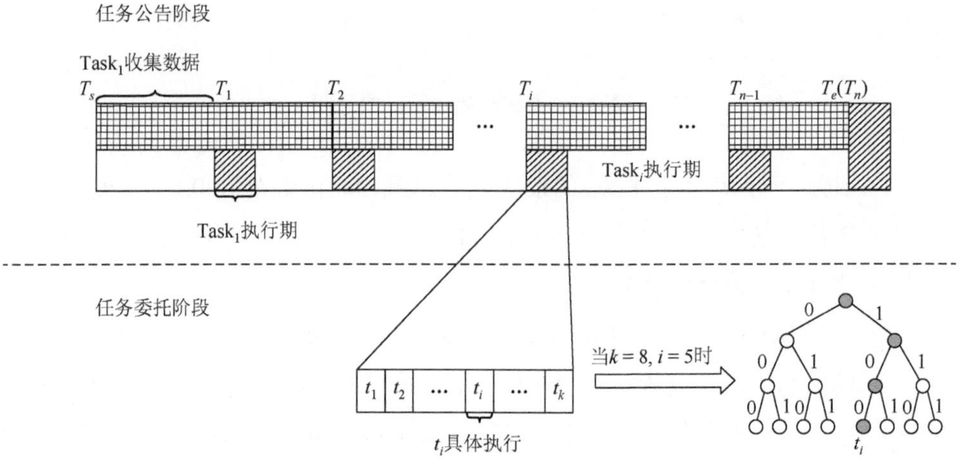

图 3.4　任务执行的时序说明

CC 使用向量 $\boldsymbol{d} = (d_1, d_2, \cdots, d_m)$ 表示线路中断识别 MLR 参数，其中 $d_j \ll p_0$，$j \in \{1, 2, \cdots, m\}$。CC 运行 SSIPE.TokenGen($\boldsymbol{d}, s_e, p_0$) 生成向量 $\boldsymbol{v}_c = (v_1, v_2, \cdots, v_m)$，计算 $v_j = d_j \cdot k_j \bmod p_0$，$k_j = H(s_e \| \text{ts} \| j) \bmod p_0$，$\lceil \log_2 m \rceil < t$，ts 表示当前的时间戳。然后 CC 生成每个任务 $\text{Task}_i = H(\boldsymbol{v}_c) \| T_i \| \Delta T \ (i \in \{1, \cdots, n\})$ 的签名，先选择随机数 $r_i \in \mathbf{Z}_q$，运行 IBS.Sign(mpk, $\widehat{\text{sk}}_c$, Task_i) 计算签名 $\sigma_i = (\sigma_{i,1}, \sigma_{i,2})$，即

$$
\begin{cases}
\sigma_{i,1} = g^{r_i} \\
\sigma_{i,2} = r_i + y_c \cdot H_1(\text{id}_c \| \text{id}_a \| \text{Task}_i \| \sigma_{i,1}) \bmod q
\end{cases}
\tag{3.3}
$$

当卫星 Sat_a 到达 GS 上空时，CC 生成消息 $\mathrm{Msg}_1 = \boldsymbol{v}_c \| \mathrm{Task}_i \| \sigma_i, i \in \{1,2,\cdots,n\}$ 发送给签约卫星 Sat_a，如图 3.5 所示。

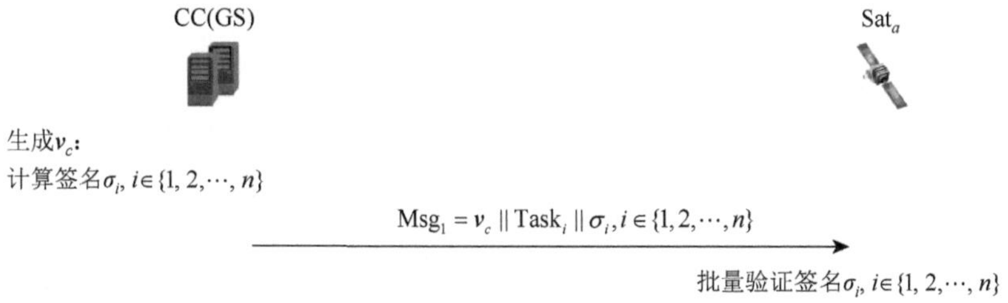

图 3.5　任务公告阶段的示意图

Sat_a 接收后，验证签名的正确性，即

$$g^{\sum_{i=1}^{n}\sigma_{i,2}} = \left(\prod_{i=1}^{n}\sigma_{i,1}\right)\cdot\left(g^{r_c}\cdot(g^z)^{H(g^{r_c},\mathrm{id}_c)}\right)^{m_c} \tag{3.4}$$

其中，$m_c = \sum_{i=1}^{n} H_1(\mathrm{id}_c \| \mathrm{id}_a \| \mathrm{Task}_i \| \sigma_{i,1})$。如果公式（3.4）验证正确，$\mathrm{Sat}_a$ 存储任务和签名，然后 Sat_a 查看自己的星历，确定自己何时会经过 GAP_e 上方，并将相应的线路中断识别任务 Task_a 分配给自己。此外，Sat_a 试图将其他线路中断识别任务委托给它遇到的卫星。

3. 任务委托阶段

在任务委托阶段，签约卫星 Sat_a 检查每颗相邻卫星的星历，并评估相邻卫星是否会在任务执行期间到达 GAP_e 上方。假设 Sat_a 发现卫星 Sat_b 在任务执行周期 Task_b（即在 T_b 后 1h 左右）内到达 GAP_e 上方，则 Sat_a 首先计算 Sat_b 与 GAP_e 连接的准确的时间（预定义的间隔 $\Delta t = t_i - t_{i-1}$ 约为 5～10min），表示为 t_b，所有时隙表示为向量 $\boldsymbol{t} = (t_1,\cdots,t_k)$，由于每颗卫星的轨道都是固定且公开的，在给定准确的短时间内，极可能得到某颗卫星的覆盖区域。同时给定固定的覆盖区域，也可推断出任务的内容，特别是在人口稀少的地区更加容易。Sat_b 的星上资源（如计算、通信、相机等）可能用于不同任务，其卫星运营商希望保护其运行状态。因此，在 Task_b 成功完成委托之前，Sat_a 和 Sat_b 之间应该进行安全任务委托。

Sat_a首先确定t_b的二进制序列，执行函数SQuery.QueryGen$(\boldsymbol{t},t_b,\text{sk})$，并生成SHE密码系统密文$C_q=\text{SHE.Enc}_1(\text{sk}_a,f_{j,1})\|\text{SHE.Enc}_1(\text{sk}_a,f_{j,0})$，$j\in\{1,\cdots,\lceil\log_2 k\rceil\}$。此外，$\text{Sat}_a$选择随机数$s_a\in\mathbf{Z}_q$，并计算$V_a=H_2(\text{id}_b\|t_b)^{s_a}$，生成消息$\text{Msg}_2=T_b\|V_a\|C_q$发送给$\text{Sat}_b$，如图3.6所示。

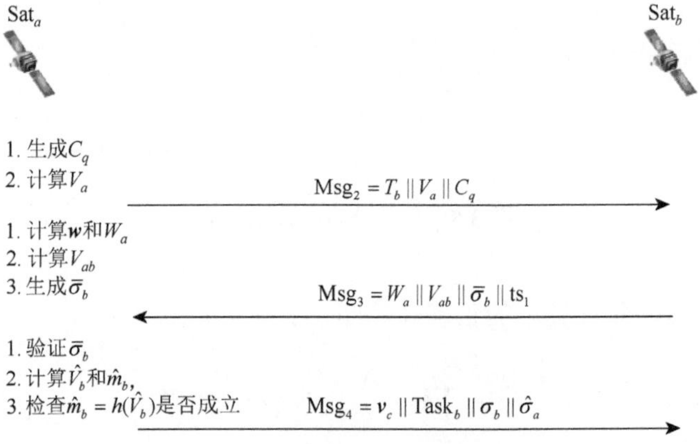

图3.6　任务委托阶段的示意图

Sat_b接收之后首先选择随机数$s_b\in\mathbf{Z}_q$，根据时隙$t_i,i\in\{1,\cdots,k\}$计算$\boldsymbol{w}=(w_1,\cdots,w_k)$，即

$$\begin{cases} w_i=h(H_2(\text{id}_b\|t_i)^{s_b})\text{，如果}t_i\text{未被占用} \\ \widehat{w_i}\neq\text{任意}\alpha\text{bit的随机数，如果}t_i\text{被占用}\end{cases} \tag{3.5}$$

然后Sat_b运行SQuery.Response$(C_q,\boldsymbol{w})$得到密文，即

$$W_a=\sum_{i=1}^{k}w_i\cdot\left(\prod_{j=1}^{\lceil\log_2 k\rceil}\text{SHE.Enc}_1(\text{sk}_a,f_{j,i_j})\right) \tag{3.6}$$

Sat_b计算值$V_{ab}=V_a^{s_b}=H_2(\text{id}_b\|t_b)^{s_a\cdot s_b}$，运行IBS.Sign$(\text{mpk},\widehat{\text{sk}}_b,(W_a,V_{ab}))$生成$(W_a,V_{ab})$的签名$\bar{\sigma}_b$，生成消息$\text{Msg}_3=W_a\|V_{ab}\|\bar{\sigma}_b\|\text{ts}_1$并安全发送给$\text{Sat}_a$。

Sat_a接收后，首先运行IBS.Verify$(\text{mpk},\bar{\sigma}_b,(W_a,V_{ab}),\text{id}_b)$验证签名的正确性。如果验证成功，$\text{Sat}_a$计算$\hat{V}_b=(V_{ab})^{s_a^{-1}}=H_2(\text{id}_b\|t_b)^{s_b}$，使用SHE密码系统的私钥$\text{sk}_a$解密$W_a$，运行SQuery.Recovery$(W_a,\text{sk}_a)$得到结果$\hat{m}_b$，$\text{Sat}_a$计算$\hat{m}_b=(M_b-(M_b \bmod X^{\lceil\log_2 k\rceil}))/X^{\lceil\log_2 k\rceil}$。此外$\text{Sat}_a$检查是否$\hat{m}_b=h(\hat{V}_b)$。如果成立，通过$\text{Sat}_a$就得知卫星$\text{Sat}_b$在时隙$t_b$的可用性，运行IBS.Sign$(\text{mpk},\widehat{\text{sk}}_a,\text{Task}_b)$生成签名

$\hat{\sigma}_a$，将任务Task_b委托给 Sat$_b$。最后卫星 Sat$_a$ 生成消息$\text{Msg}_4=\boldsymbol{v}_c \| \text{Task}_b \| \sigma_b \| \hat{\sigma}_a$安全发送给 Sat$_b$。

Sat$_b$ 接收到Msg_4后，先验证签名$(\sigma_b,\hat{\sigma}_a)$的正确性，即

$$g^{\sigma_{b,2}+\hat{\sigma}_{a,2}}=\sigma_{b,1}\cdot\hat{\sigma}_{a,1}\cdot(\text{pk}_c,(g^z)^{H(\text{pk}_c,\text{id}_c)})^{H_1(m_b)}\cdot(\text{pk}_a,(g^z)^{H(\text{pk}_a,\text{id}_a)})^{H_1(\hat{m}_a)} \tag{3.7}$$

式中，$m_b=\text{id}_c \| \text{id}_a \| \text{Task}_b \| \sigma_{b,1}$；$\hat{m}_a=\text{id}_a \| \text{id}_b \| \text{Task}_b \| \hat{\sigma}_{a,1}$。如果公式（3.7）成立，Sat$_b$ 则接受线路中断识别任务Task_b。

4. 任务执行阶段

在任务执行阶段之前，Task_b先运行$\text{IBS.Sign}(\text{mpk},\widehat{\text{sk}}_b,\text{Task}_b)$为线路中断识别任务生成签名$\hat{\sigma}_b$。当 Sat$_b$ 到达 GAP$_e$ 上方时，Sat$_b$ 生成消息$\text{Msg}_5=T_b \| H(\boldsymbol{v}_c) \| \sigma_b \| \hat{\sigma}_a \| \hat{\sigma}_b \| \text{ts}_1$，并安全发送给 GAP$_e$，如图 3.7 所示。GAP$_e$ 接收到Msg_5后，批量验证签名$(\sigma_b,\hat{\sigma}_a,\hat{\sigma}_b)$的正确性，即

$$\begin{aligned}g^{\sigma_{b,2}+\hat{\sigma}_{a,2}+\hat{\sigma}_{b,2}}=&\sigma_{b,1}\cdot\hat{\sigma}_{a,1}\cdot\hat{\sigma}_{b,2}\cdot(\text{pk}_c,(g^z)^{H(\text{pk}_c,\text{id}_c)})^{H_1(m_b)}\cdot(\text{pk}_a,(g^z)^{H(\text{pk}_a,\text{id}_a)})^{H_1(\hat{m}_a)}\\&\cdot(\text{pk}_b,(g^z)^{H(\text{pk}_b,\text{id}_b)})^{H_1(\hat{m}_b)}\end{aligned} \tag{3.8}$$

其中，$\hat{m}_b=\text{id}_b \| \text{id}_e \| \text{Task}_b \| \hat{\sigma}_{b,1} \| \text{ts}_1$。

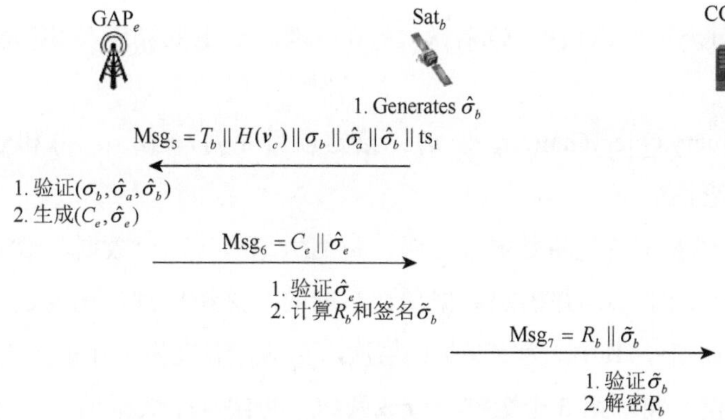

图 3.7　任务执行阶段示意图

如果公式（3.8）验证成功，GAP$_e$ 利用从 PMU 收集的数据$\boldsymbol{e}=(e_1,\cdots,e_m)$，运行$\text{SSIPE.Enc}(\text{pk}_c,\boldsymbol{e},s_e,p_0,H)$，生成$C_e=(\text{SHE.Enc}_2(\text{pk}_c,u_1),\cdots,\text{SHE.Enc}_2(\text{pk}_c,u_m))$。

GAP_e 通过运行 IBS.Sign $(\text{mpk}, \widehat{\text{sk}_e}, C_e)$ 生成 C_e 的签名 $\hat{\sigma}_e$。最后 GAP_e 生成消息 $\text{Msg}_6 = C_e \parallel \hat{\sigma}_e$，并安全发送给 Sat_b。

Sat_b 接收后先运行 $\text{IBS.Verify}(\text{mpk}, \hat{\sigma}_e, C_e, \text{id}_e)$ 验证签名的正确性，如果验证成功，Sat_b 运行 $\text{SSIPE.Computation}(C_e, \boldsymbol{v})$ 计算

$$R_b = \sum_{i=1}^{m} \text{SHE.Enc}_2(\text{pk}_c, u_i) \cdot v_i = \text{SHE.Enc}_2\left(\text{pk}_c, \sum_{i=1}^{m} u_i \cdot v_i\right) \tag{3.9}$$

同时，Sat_b 通过运行 $\text{IBS.Sign}(\text{mpk}, \widehat{\text{sk}_b}, R_b)$ 生成 R_b 的签名 $\tilde{\sigma}_b$，Sat_b 生成消息 $\text{Msg}_7 = R_b \parallel \tilde{\sigma}_b$，并通过星间链路和星地链路将 Msg_7 安全发送给 CC。CC 接收到 Msg_7 后，运行 $\text{IBS.Verify}(\text{mpk}, \tilde{\sigma}_b, R_b, \text{id}_b)$ 验证 $\tilde{\sigma}_b$ 的正确性，用其 SHE 密码系统的私钥解密 R_b，即 $\text{SSIPE.Dec}(R_c, \text{sk}_c) = \sum_{i=1}^{m} u_i \cdot v_i \bmod p_0$。最后 CC 得到线路中断识别的结果。

3.3.5　DSQuery 方案

SQuery 方案中由于密集的密文间的同态乘法运算而引入的计算复杂度为 $O(\lceil \log_2 k \rceil \cdot k)$。为了降低计算成本，本节利用“分而治之”的思想，提出了 DSQuery 方案。

（1）$\text{DSQuery.KeyGen}(k_M, k_r, k_L, k_{p_1}, k_{p_2})$：该密钥生成算法与 SQuery.KeyGen 相同。

（2）$\text{DSQuery.QueryGen}(\boldsymbol{t}, t_b, \text{sk}, n)$：给定项目序列 $\boldsymbol{t} = (t_1, \cdots, t_k)$ 和分组数 n，则对项目 t_b 的查询如下。

a. 查询生成算法首先将数据项分组，每组大概有 $\lceil k/n \rceil$ 个数据。给定查询目标 t_b，找到包含 t_b 的组 o，并确定数据项 t_b 对应的二叉树序列，记为 $\delta^o_{j,b_j} \in \{0,1\}$，$j \in \{1, \cdots, \lceil \log_2(k/n) \rceil\}$，其中 j 为二叉树的层次，b_j 表示 t_b 在组 o 中的第 j 层。图 3.8 给出了一个示例，将一组 8 个数据项分成两组，每组 4 个数据项。

b. 选择 β bit 的值 X 以及 α bit 的随机数 a_j（$j \in \{1, \cdots, \lceil \log_2(k/n) \rceil\}$），计算

$$f^o_{j,1} = \delta^o_{j,b_j} \cdot X + a_j, f^o_{j,0} = (1 - \delta^o_{j,b_j}) \cdot X + a_j \tag{3.10}$$

c. 计算 $(f^o_{j,1}, f^o_{j,0})$ 的密文序列 $C^o_{\text{query}} = \text{SHE.Enc}_1\left(\text{sk}, f^o_{j,1}\right) \parallel \text{SHE.Enc}_1\left(\text{sk}, f^o_{j,0}\right)$，$j \in \{1, \cdots, \lceil \log_2(k/n) \rceil\}$。除了组 o 以外的组，计算密文 $C^i_{\text{query}} = \text{SHE.Enc}_1\left(\text{sk}, a^i_{j,1}\right) \parallel$

$\mathrm{SHE.Enc}_1\left(\mathrm{sk}, a_{j,0}^i\right), j \in \{1, \cdots, \lceil\log_2(k/n)\rceil\}$，其中 $a_{j,1}^i$ 和 $a_{j,0}^i$（$i \in \{1, \cdots, n\}, i \neq o$）是 α bit 的随机数。

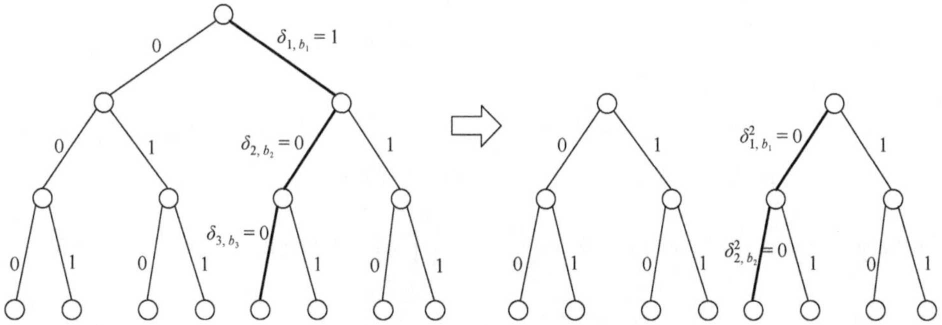

图 3.8　DSQuery 方案划分组的说明

（3）$\mathrm{DSQuery.Response}\left(\left(C_{\mathrm{query}}^1, \cdots, C_{\mathrm{query}}^n\right), \boldsymbol{w}\right)$：给定密文 $\left(C_{\mathrm{query}}^1, \cdots, C_{\mathrm{query}}^n\right)$ 和序列 $\boldsymbol{w} = (w_1, \cdots, w_k)$，计算

$$W = \sum_{l=1}^{n}\left(\sum_{i=(l+1)\cdot\lceil k/n\rceil+1}^{l\cdot\lceil k/n\rceil} w_i \cdot \left(\prod_{j=1}^{\lceil\log_2(k/n)\rceil} \mathrm{SHE.Enc}_1\left(\mathrm{sk}, f_{j,i_j}^l\right)\right)\right) \tag{3.11}$$

（4）$\mathrm{DSQuery.Recovery}(W, \mathrm{sk})$：给定密文 W，解密得到 $M = \mathrm{SHE.Dec}(\mathrm{sk}, W)$，最终得到 $\hat{m} = (M - (M \bmod X^{\lceil\log_2(k/n)\rceil})) / X^{\lceil\log_2(k/n)\rceil}$。

DSQuery 方案中密集的密文间的同态乘法运算的计算复杂度为 $O(k\cdot\lceil\log_2(k/n)\rceil)$，SQuery 方案和 DSQuery 方案的比较将在后面的 3.5 节中展示。

3.4　安全性分析

本节将分析在卫星边缘计算下线路中断识别方案的安全性。由于所提出的方案主要由任务委托阶段和线路中断识别过程组成，因此本节首先分析在任务委托阶段的机密性和身份验证，其次分析模型参数以及在线路中断识别过程中收集到的 PMU 数据的机密性和真实性。

3.4.1　任务委托阶段的安全性分析

在任务委托阶段，该方案保证了目标执行时隙 t_b 对 CS_2（卫星 Sat_b）保密，

并保证了整个时隙序列$(t_1,\cdots,t_k)$的可用性且对 CS_1（卫星 Sat_a）保密。CS_1 保存 t_b，执行 SQuery.QueryGen $(\boldsymbol{t},t_b,\mathrm{sk}_a)$ 生成 $\mathrm{SHE.Enc}_1(\mathrm{sk}_a,f_{j,1})\|\mathrm{SHE.Enc}_1(\mathrm{sk}_a,f_{j,0})$，$j\in\{1,2,\cdots,\lceil\log_2 k\rceil\}$。由于 SHE 密码系统已被证明对不可区分的选择明文攻击具有语义安全性，因此如果没有 SHE 密码系统密钥 sk_a，CS_2 将无法学习 $f_{j,1}\|f_{j,0}$ $(j\in\{1,2,\cdots,\lceil\log_2 k\rceil\})$和 t_b 的内容。

对于 CS_2，它拥有自己时隙序列$(t_1,\cdots,t_k)$的可用性，其中 $t_i\in\{0,1\},i\in\{1,2,\cdots,k\}$，对于被占用的时隙 t_i，它选择一个 α bit 的随机数 $\hat{w}_i$。在任务委托过程中，CS_1 从 SQuery.Response $(C_q,\boldsymbol{w})$ 得到 $W_a=\sum_{i=1}^{k}m_i\cdot\left(\prod_{j=1}^{\lceil\log_2 k\rceil}\mathrm{SHE.Enc}_1(\mathrm{sk}_a,f_{j,i_j})\right)$，并得到解密结果，即

$$\mathrm{SHE.Dec}(\mathrm{sk}_a,W_a)=\begin{cases}h(H_2(\mathrm{id}_b\|t_b)^{s_b}), & \text{如果}t_i\text{未被占用}\\ \alpha\,\text{bit的随机数}\hat{w}_i, & \text{如果}t_i\text{被占用}\end{cases}\tag{3.12}$$

由于利用的一对多承诺证明协议具有如下性质：当 $i\neq b$，$\prod_{j=1}^{\lceil\log_2 k\rceil}f_{j,i_j}=0$，$CS_1$ 只能查询 t_b 是否被占用。因此，在任务委托过程中 t_b 对 CS_2 保密，时隙序列$(t_1,\cdots,t_k)$的可用性对 CS_1 保密。

对于 CS_1，它通过类 Schnorr 的基于身份的签名 $\hat{\sigma}_a$ 将自身和 CS_2 与任务 Task_b 绑定，该方案被证明可以抵抗自适应选择消息攻击和自适应身份攻击[40]。为了进一步让 CS_2 相信任务 Task_b 实际上是由 CC 发布的，CS_1 还向 CS_2 发送签名 σ_b。对于 CS_2，它也通过签名 $\bar{\sigma}_b$ 向 CS_1 证明其身份 id_b。因此实现了 CS_1 和 CS_2 之间的相互认证，并且在任务委托过程中，CS_2 可以保证 Task_b 的真实性。

3.4.2 线路中断识别过程的安全性分析

在线路中断识别过程中，本方案应保证模型参数 $\boldsymbol{d}=(d_1,\cdots,d_m)$ 不受 CS_1、CS_2 和 CS_3（GAP_e）的影响。对于 PMU 设备产生的数据向量 $\boldsymbol{e}=(e_1,\cdots,e_m)$，提出的方案应使 CS_0（CC）、CS_1 和 CS_2 不能学习其真实值 $\boldsymbol{e}$。另外，CS_0 只能得到内积值，并不能学习每个单独内积 $e_j\cdot d_j,j\in\{1,2,\cdots,m\}$。

CS_0 运行 SSIPE.TokenGen$(\boldsymbol{d},s,p_0)$，得到 $v_j=d_j\cdot k_j \bmod p_0$，$k_j=H(s_e\|j\|\mathrm{ts}_c)\bmod p_0$，$j\in\{1,2,\cdots,m\}$ 生成受保护的模型参数 $\boldsymbol{v}_c=(v_1,\cdots,v_m)$，其

中 s_e 是 CS_0 和 CS_3 之间共享的秘密值。给定 $\boldsymbol{v}_c$，CS_1 和 CS_2 不可能推测出模型参数 $\boldsymbol{d}=(d_1,\cdots,d_m)$。对于 CS_3，它从 CS_2 接收到含有 $H(\boldsymbol{v}_c)$ 的签名 σ_b，其仍然不能得到 $\boldsymbol{v}_c$。因此，CS_1、CS_2 以及 CS_3 无法得到真实的模型参数，故可以保证其机密性。

为了防止 CS_2 恢复出模型参数 e_j 与 PMU 数据 d_j 之间的每一个单独内积 $e_j \cdot d_j$，CS_3 进一步通过运行 $\text{SSIPE.Enc}(\text{pk},\boldsymbol{d},s,p_0,H)$ 对 PMU 每一个单独的数据 $u_j=d_j \cdot l_j \bmod p_0$ 进行加密，即 $C_e=(\text{SHE.Enc}_2(\text{pk}_c,u_1),\cdots,\text{SHE.Enc}_2(\text{pk}_c,u_m))$。给定 C_e，CS_2 只能计算 $\text{SHE.Enc}_2(\text{pk}_c,u_j)\cdot v_j=\text{SHE.Enc}_2(\text{pk}_c,u_j \cdot v_j)$，没有 CC 的密钥 sk_c，不可能推导出 $e_j \cdot d_j$ 的值，CS_2 计算 $R_b=\sum_{j=1}^{m}\text{SHE.Enc}_2(\text{pk}_c,u_j)\cdot v_j=\text{SHE.Enc}_2\left(\text{pk}_c,\sum_{j=1}^{m}u_j \cdot v_j\right)$，将 R_b 发送给 CS_0。对于 CS_0，它能够在不学习每一个单独内积 $e_j \cdot d_j$ 的情况下，用 sk_c 解密 R_b。因此，CS_0、CS_1 和 CS_2 无法学习到 PMU 数据向量 $\boldsymbol{e}$ 和每个单独内积 $e_j \cdot d_j$ 的内容，在线路中断识别过程中满足机密性。

对于 CS_0，在类 Schnorr 的基于身份的签名 σ_b 中，它将受保护的模型参数 $\boldsymbol{v}_c$ 与自身和 CS_1 绑定。同时，CS_1 和 CS_2 也通过 $\hat{\sigma}_a$ 和 $\hat{\sigma}_b$ 将自己与 $\boldsymbol{v}_c$ 绑定。从而确认了 $\boldsymbol{v}_c$ 的来源和正确性。CS_3 生成签名 $\hat{\sigma}_e$，以保证 CS_2 可以确认 C_e 的来源和正确性；CS_2 生成签名 $\tilde{\sigma}_b$，以保证 CS_0 可以确认 R_b 的来源和正确性。因此，本方案在线路中断识别过程中实现了身份验证的安全目标。

3.5 实验评估

本节将对所提出的方案进行评估和比较。该方案是第一个研究卫星间安全任务委托的方案，目前没有可比较的文献。本节首先列出对比方案的详细信息，以便进行比较；其次评估并比较在任务委托阶段 SQuery 方案和 DSQuery 方案的计算开销；最后评估并比较在任务委托和执行阶段所提出的方案的通信开销。

3.5.1 实验设置

1. LEO 卫星网络实验设置

如 OneWeb 的 LEO 卫星星座，其由 648 颗分布在 1200km 高度运行的极轨卫星组成[40]。在这种情况下，每颗卫星可以在北极或南极与附近不同轨道上运行的卫星连接，并委托收集任务。在此设置下，每个观测周期等于卫星轨道周期，约为 109min，最大可见时间为 19.8min。在该实验中，设定 LEO 卫星之间以及 LEO 卫星与 GAP 之间的传播距离都为 1500km，设定传输速率为 5Mbps，工作在 Ku 频段（下行 10.7～12.7GHz，上行 14.0～14.5GHz）。在性能评估中，只有传播距离和传输速率会影响实验结果。

2. 任务委托阶段的对比方案

对比方案同样可以实现目标时隙的安全查询，但没有利用一对多承诺证明协议。当 Sat_a 想要委托在时隙 t_b 内执行的 Task_b 时，它首先生成 $V_a = H_2(\text{id}_b \| t_b)^{s_a}$，并将其发送给 Sat_b。Sat_b 接收到 V_a 后根据公式（3.5）首先生成值序列 $\boldsymbol{w} = (w_1, \cdots, w_k)$，并使用 SHE 密码系统中 Sat_a 的公钥 pk_a 对每个值 w_i 进行加密，得到密文序列 $C_a = \text{SHE.Enc}_2(\text{pk}_a, w_1), \cdots, \text{SHE.Enc}_2(\text{pk}_a, w_k)$。$\text{Sat}_b$ 计算 $V_{ab} = V_a^{s_b} = H_2(\text{id}_b \| t_b)^{s_a \cdot s_b}$。最后，$\text{Sat}_b$ 发送消息 $C_a \| V_{ab}$ 给 Sat_a。Sat_a 计算 $\hat{V}_b = (V_{ab})^{s_a^{-1}} = H_2(\text{id}_b \| t_b)^{s_b}$，再用 sk_a 进行解密，即 $\hat{W}_b = \text{SHE.Dec}\ (\text{sk}_a, \text{SHE.Enc}_2(\text{pk}_a, w_b))$。然后 Sat_a 比较 $\hat{V}_b$ 和 $\hat{W}_b$，如果 $\hat{V}_b = \hat{W}_b$，则 Sat_a 保证了在目标时隙 t_b 内 Sat_b 的可用性。

3. 任务执行阶段的对比方案

对比方案利用 GAP_e 的计算资源，实现了基于 MLR 的安全线路中断识别。给定 $u_j = d_j \cdot k_j \bmod p_0$，$i \in \{1, 2, \cdots, m\}$，$\text{GAP}_e$ 可以恢复出模型参数 $(d_1, \cdots, d_m)$，因为它学习了 k_i，$i \in (1, 2, \cdots, m)$ 的值。为了保护每个模型参数 d_i，Sat_b 对 $\boldsymbol{v}_c$ 中的每个元素进行加密，得到密文序列 $E_c = \text{SHE.Enc}_2(\text{pk}_c, v_1), \cdots, \text{SHE.Enc}_2(\text{pk}_c, v_m)$，并发送 E_c 给 GAP_e。此外，GAP_e 计算 $R_c = \sum_{i=1}^{m} \text{SHE.Enc}_2(\text{pk}_c, u_i) \cdot v_i = \text{SHE.Enc}_2\left(\text{pk}_c, \sum_{i=1}^{m} u_i \cdot v_i\right)$，并通过卫星网络将 R_c 发送给 CC。

3.5.2 计算开销

为测试所提出的 SQuery 方案的计算开销，本节在 macOS Monterey 平台上使用 2.6GHz 六核 Intel（R）Core（TM）i7 处理器、32GB RAM 的笔记本电脑进行实验。在 SHE 密码系统中，将系统参数设置为：$k_M = 40$、$k_r = 40$、$k_L = 120$、

$k_{p_1}=1024$、$k_{p_2}=1024$。由于计算开销最大的部分是在 SQuery.Recovery 过程中 Sat_b 的计算开销，因此本节重点分析 Sat_b。对于 Sat_b，在 SHE 密码系统中，每个 $m_i \cdot \left(\prod_{j=1}^{\lceil \log_2 k \rceil} \mathrm{SHE.Enc}_1(\mathrm{sk}_a, f_{j,i_j})\right)$ 都需要 $\lceil \log_2 k \rceil - 1$ 次同态密文-密文乘法运算和 1 次同态密文-明文乘法运算。为了计算 W_a，它需要 $(\lceil \log_2 k \rceil - 1) \times k$ 次 SHE 密码系统中的同态密文-密文乘法运算，k 次同态密文-明文乘法运算，以及 $(k-1)$ 次同态加法运算。SQuery 方案的同态密文-密文乘法运算的计算复杂度为 $O(\lceil \log_2 k \rceil \cdot k)$。在 SHE 密码系统中，$c_{cm}$ 表示 1 次同态密文-密文乘法运算的计算开销，c_{pm} 表示 1 次同态密文-明文乘法运算的计算开销，c_{ca} 表示 1 次同态加法运算的计算开销。本节对每个加密操作进行了 1000 次测试，得出 $c_{cm}=21\,882\text{ns}$、$c_{pm}=2119\text{ns}$、$c_{ca}=655\text{ns}$。对于所提出的 SQuery 方案，任务委托阶段 k 个时隙的总计算开销为 $(\lceil \log_2 k \rceil - 1) \times k \times c_{cm} + k \times c_{pm} + (k-1) \times c_{ca}$。

与 SQuery 方案相比，划分成 2 组的 DSQuery 方案进行 $(\lceil \log_2 (k/2) \rceil - 1) \times k$ 次同态密文-密文乘法运算来生成 W_a，而同态密文-明文乘法运算和同态加法运算的次数保持不变。因此，划分成 2 组的 DSQuery 方案在任务委托过程中的总计算开销为 $(\lceil \log_2 (k/2) \rceil - 1) \times k \times c_{cm} + k \times c_{pm} + (k-1) \times c_{ca}$。DSQuery 方案中同态密文-密文乘法运算的计算复杂度为 $O(\lceil \log_2 (k/2) \rceil \cdot k)$。图 3.9（a）展示了在任务委托阶段，SQuery 方案与划分为 2 组的 DSQuery 方案在时隙数为 5～20 个时的计算开销的对比。当时隙数为 20 个时，每个时隙的长度 t_b 约为 5min，整个轨道周期为 109min，t_b

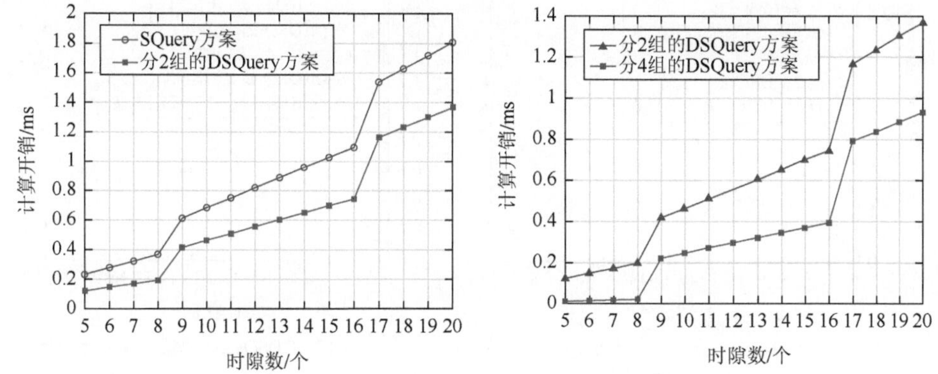

(a) SQuery方案和分2组的DSQuery方案的计算开销对比　　(b) 不同的DSQuery方案的计算开销对比

图 3.9　当 $k_{p_1}=1024$、$k_{p_2}=1024$ 时的计算开销的对比

也小于卫星可见时间。在一个时隙内，计算开销和通信开销可以忽略不计。当 $k=8$ 时，SQuery 方案的计算开销为 0.372ms，而分为 2 组的 DSQuery 方案的计算开销为 0.197ms。

将时隙分成 4 组，将同态密文-密文乘法运算进一步简化为$(\lceil\log_2(k/4)\rceil-1)\times k$ 次，其计算复杂度为 $O(\lceil\log_2(k/4)\rceil\cdot k)$，总计算开销为$(\lceil\log_2(k/4)\rceil-1)\times k\times c_{cm}+k\times c_{pm}+(k-1)\times c_{ca}$。设置 $k=8$，分为 4 组的 DSQuery 方案的计算开销为 0.022ms。图 3.9(b)为划分为 2 组的 DSQuery 方案与划分为 4 组的 DSQuery 方案在时隙数为 5～20 个时的计算开销的对比。在每次任务委托过程中，随着分组数量的增加，由于同态密文-密文乘法运算的减少，计算开销也逐渐降低。另外，当 $k=8$ 时，实验结果显示 SQuery 方案耗时 0.383ms（密码学计算结果为 0.372ms），划分为 2 组的 DSQuery 方案耗时 0.199ms（密码学计算结果为 0.197ms），划分为 4 组的 DSQuery 方案由于不存在同态密文-密文乘法运算，耗时为 0.022ms（密码学计算结果为 0.022ms）。由于某些系统操作不当，数据读取时仿真结果与密码学计算结果之间有差异。本节实验表明密码学计算结果与仿真得出的结论基本一致。在图 3.10（a）和图 3.10（b）中进一步将 SQuery 方案与不同安全参数设置的 DSQuery 方案进行了比较。当 $k_{p_1}=k_{p_2}=1024$ 时，DQuery 方案的计算开销优于 $k_{p_1}=1024$、$k_{p_2}=3072$ 时的计算开销。因此，与时隙 t_b 相比，DQuery 方案带来的计算开销可以忽略不计。

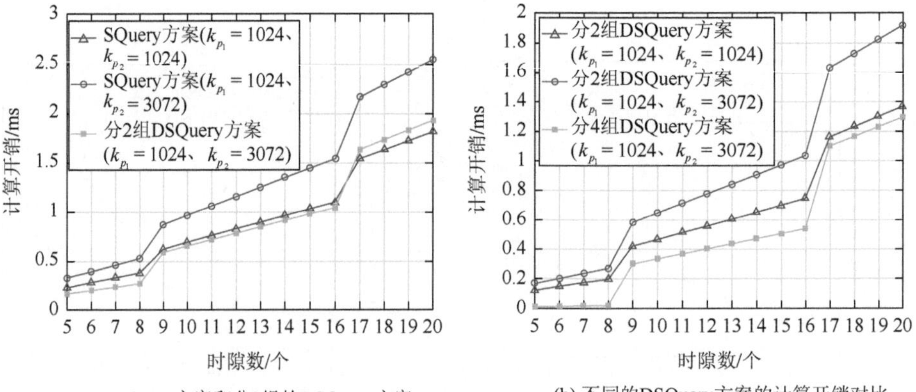

(a) SQuery方案和分2组的DSQuery方案的计算开销对比

(b) 不同的DSQuery方案的计算开销对比

图 3.10 当 $k_{p_1}=1024$、$k_{p_2}=3072$ 时的计算开销的对比

3.5.3　通信开销

将 SHE 密码系统中系统参数设为：$k_M = 40$、$k_r = 40$、$k_L = 120$、$k_{p_1} = 1024$、$k_{p_2} = 1024$。SHE 密码系统密文长度为 $l_c = 2048$bit。在类 Schnorr 的 IBS 方案中，将系统参数设置为：$\eta = 256$。$\mathbf{Z}_q$ 中的元素长度为 $l_{s,1} = 256$bit，生成元为 $l_{s,2} = 512$bit。在任务委托阶段，SQuery 方案中 Sat_a 发送给 Sat_b 的消息 $\mathrm{Msg}_2 = T_b \| V_a \| (\mathrm{SHE.Enc}_1(\mathrm{sk}_a, f_{j,1}),\ \mathrm{SHE.Enc}_1(\mathrm{sk}_a, f_{j,0}))$，$(j \in \{1, \cdots, \lceil \log_2 k \rceil\})$通信开销为 $|T_b| + l_{s,2} + \lceil \log_2 k \rceil \times l_c \times 2$bit。SQuery 方案中 Sat_b 发送给 Sat_a 的消息 $\mathrm{Msg}_3 = W_a \| V_{ab} \| \bar{\sigma}_b \| \mathrm{ts}_1$ 的通信开销为 $l_c + l_{s,2} + (l_{s,1} + l_{s,2}) + |\mathrm{ts}_1|$bit。SQuery 方案任务委托阶段的总通信开销为$|T_b| + l_{s,2} + \lceil \log_2 k \rceil \times l_c \times 2 + l_c + l_{s,2} + (l_{s,1} + l_{s,2}) = 3872 + \lceil \log_2 k \rceil \times 4096$bit，其中 $|T_b|$ 和 $|\mathrm{ts}_1|$ 均为 16bit。在分为 2 个组的 DSQuery 方案中，Sat_a 发送给 Sat_b 消息 $\mathrm{Msg}_2 = T_b \| V_a \| (\mathrm{SHE.Enc}_1(\mathrm{sk}_a, f_{j,1}^1), \mathrm{SHE.Enc}_1(\mathrm{sk}_a, f_{j,0}^1))$，$(j \in \{1, \cdots, \lceil \log_2 k \rceil\})$的通信开销为$|T_b| + l_{s,2} + \lceil \log_2(k/2) \rceil \times l_c \times 2$bit。$\mathrm{Sat}_b$ 发送给 Sat_a 的消息 Msg_3 的通信开销与 SQuery 方案一样。划分为 2 组的 DSQuery 方案总通信开销可以计算为 $3872 + 2 \times \lceil \log_2(k/2) \rceil \times 4096$bit。对于划分为 4 组的 DSQuery 方案，按照与划分为 2 组的 DSQuery 方案相同的计算过程，得到总通信开销为 $3872 + 2 \times \lceil \log_2(k/4) \rceil \times 4096$bit。

在没有一对多承诺证明协议的对比方案中，任务委托阶段 Sat_a 发送给 Sat_b 的消息 $\mathrm{Msg}_2 = T_b \| V_a$ 的通信开销为 $|T_b| + l_{s,2} = 528$bit，Sat_b 发送给 Sat_a 的消息 $\mathrm{Msg}_3 = (\mathrm{SHE.Enc}_2(\mathrm{pk}_a, w_1), \cdots, \mathrm{SHE.Enc}_2(\mathrm{pk}_a, w_k)) \| V_{ab} \| \bar{\sigma}_b \| \mathrm{ts}_1$ 的通信开销为 $l_c \times k + l_{s,2} + (l_{s,1} + l_{s,2}) + |\mathrm{ts}_1| = 2048 \times k + 1296$ bit。因此，在任务委托阶段，对比方案的总通信开销为 $2048 \times k + 1824$ bit。图 3.11（a）分别展示和对比了所涉及的 4 个方案的通信开销随着时隙个数的变化。实验结果表明，基于一对多承诺证明协议的方案在任务委派阶段优于第二个对比方案。同时，随着密文规模的增加，密文间同态乘法运算较少的 DSQuery 方案的性能也优于 SQuery 方案。当传输速率为 5Mbps、传播距离为 1500km、时隙个数 $k = 20$ 时，SQuery 方案的通信开销为 9.87ms，划分为 2 组的 DSQuery 方案为 13.36ms，划分为 4 组的 DSQuery 方案为 12.33ms，而未采用一对多承诺证明协议的对比方案为 15.6ms。

分析任务执行阶段的通信开销。在 SSIPE 方案中，GAP_e 发送给 Sat_b 的消息 $E_e \| \hat{\sigma}_e$ 的通信开销为 $l_c \times m + (l_{s,1} + l_{s,2})$ bit，Sat_b 发送给 CC 的消息 $R_b \| \widetilde{\sigma}_b$ 的通信开销为 $l_c + (l_{s,1} + l_{s,2})$ bit。在对比方案中利用了 GAP_e 的计算资源，从 Sat_b 发送到 GAP_e 的消息 $E_b \| \hat{\sigma}_b$ 的通信开销为 $l_c \times m + (l_{s,1} + l_{s,2})$ bit，GAP_e 发送给 Sat_b 的消息 $R_c \| \tilde{\sigma}_e$ 的通信开销为 $l_c + (l_{s,1} + l_{s,2})$ bit。最后 Sat_b 发送给 CC 消息 $R_c \| \tilde{\sigma}_b$ 通信开销为 $l_c + (l_{s,1} + l_{s,2})$ bit。SSIPE 方案的总通信开销为

$$2048 \times m + (768 + 2048 + 768) = 2048 \times m + 3584 \text{ bit}$$

对比方案的总通信开销为

$$2048 \times m + (768 + 2048 + 768 + 2048 + 768) = 2048 \times m + 6400 \text{ bit}$$

其中，m 表示模型参数的规模。图 3.11（b）展示和对比了 SSIPE 方案与对比方案在任务执行阶段中的通信开销。随着模型参数数量的增加，对比方案的通信开销高于 SSIPE 方案。模型参数个数 $m = 20$ 时，通信开销为 13.91ms。因此，与时隙长度 t_b 相比，SSIPE 方案带来的通信开销可以忽略不计。

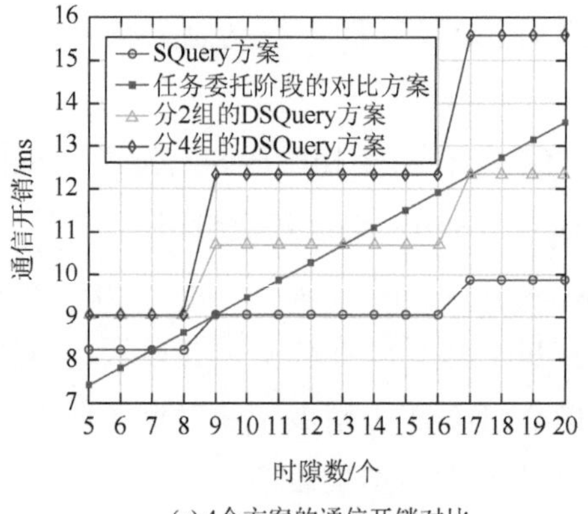

(a) 4个方案的通信开销对比

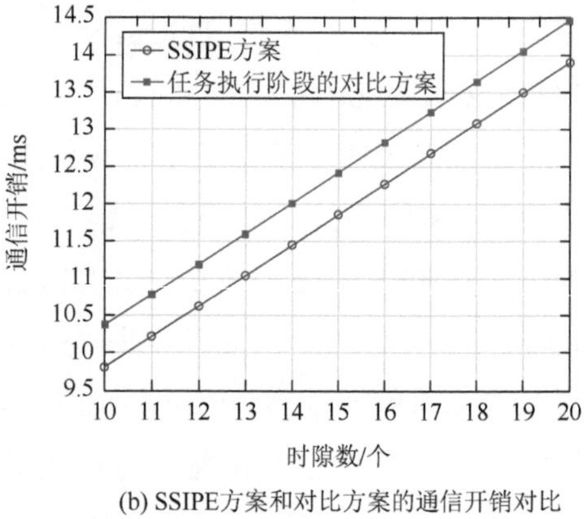

(b) SSIPE方案和对比方案的通信开销对比

图 3.11 当 $k_{p_1} = 1024$、$k_{p_2} = 1024$ 时的通信开销的对比

本章提出了一种安全的 LEO 卫星边缘计算框架，并以智能电网中的线路中断识别应用为例进行了说明。该方案通过设计 SQuery 方案，实现了多颗卫星间的安全任务委托。此外，通过设计 SSIPE 方案实现了基于 MLR 的安全线

路中断识别。为了减少密文间同态乘法运算的开销，引入 DSQuery 方案来降低计算复杂度。根据性能评估结果表明，在任务委托和执行阶段，所提出的方案在计算开销和通信开销方面具有良好的性能。在未来的工作中，将会进一步评估和提升所提出的方案在更复杂的 LEO 卫星星座（如 Starlink）下的性能。

参 考 文 献

[1] Qi L，Zhi L. Authentication and access control in satellite network[C]//2010 Third International Symposium on Electronic Commerce and Security，2010：17-20.

[2] Mahdikhani H，Lu R X，Zheng Y D，et al. Achieving O（$\log^3 n$）communication-efficient privacy-preserving range query in fog-based IoT[J]. IEEE Internet of Things Journal，2020，7（6）：5220-5232.

[3] Groth J，Kohlweiss M. One-out-of-many proofs：Or how to leak a secret and spend a coin[C]//Annual International Conference on the Theory and Applications of Cryptographic Techniques，2015：253-280.

[4] Yang Q Y，Xue K P，Xu J，et al. AnFRA：Anonymous and fast roaming authentication for space information network[J]. IEEE Transactions on Information Forensics and Security，2018，14（2）：486-497.

[5] Kong Q L，Lu R X，Yin F. Achieving efficient and secure handover in LEO constellation-assisted beyond 5G networks[J]. IEEE Open Journal of the Communications Society，2021，3：641-653.

[6] Werner D. Living on the edge：Satellites adopt powerful computers[EB/OL].（2022-01-24）[2024-09-14]. https://spacenews.com/living-on-the-edge-satellites-adopt-powerful-computers/.

[7] Morrison R. Data centres in space will boost satellite computing power and storage[EB/OL].（2022-07-03）[2024-09-14]. https://www.techmonitor.ai/technology/data-centre/data-centres-space-satellite-computing.

[8] Tompkins S. The role of satellite in smart grid development[EB/OL].（2021-04-21）[2024-09-14]. https://energydigital.com/technology-and-ai/role-satellite-smart-grid-development.

[9] Leyva-Mayorga I，Martinez-Gost M，Moretti M，et al. Satellite edge computing for real-time and very-high resolution earth observation[J]. IEEE Transactions on Communications，2023，71（10）：6180-6194.

[10] Kim T，Kwak J，Choi J P. Satellite edge computing architecture and network slice scheduling for IoT support[J]. IEEE Internet of Things journal，2021，9（16）：14938-14951.

[11] Kong Q L，Lin Z D，Yin F，et al. Achieving privacy-preserving diagnosis with federated learning in leo satellite constellation[C]//Signal And Information Processing，Networking And

Computers（ICSINC 2022），2022：990-998.

[12] Meloni A，Atzori L. The role of satellite communications in the smart grid[J]. IEEE Wireless Communications，2017，24（2）：50-56.

[13] Huang L P，Zhang H T，Lai C S. Defensive scheme of network failure by extreme weather events[EB/OL]. [2024-09-26]. https://smartcities.ieee.org/newsletter/toward-a-resilient-smart-grid-for-a-smart-city-defensive-scheme-of- network-failure-by-extreme-weather-events.

[14] McKee D. Cybersecurity in space：Exploring extra-terrestrial vulnerabilities[EB/OL].（2023-04-11）[2024-09-26]. https://www.infosecurity-magazine.com/opinions/cybersecurity-space-extra/.

[15] Archon. Cyber concerns for the satellite sector[EB/OL]. [2024-09-21]. https://www.archonsecure.com/blog/ satellite-cybersecurity.

[16] Manulis M，Bridges C P，Harrison R，et al. Cyber security in new space：Analysis of threats，key enabling technologies and challenges[J]. International Journal of Information Security，2021，20：287-311.

[17] Tedeschi P，Sciancalepore S，Di Pietro R. Satellite-based communications security：A survey of threats，solutions，and research challenges[J]. Computer Networks，2022，216：109246.

[18] Little Place Labs. Why satellite edge computing？[EB/OL]. [2024-09-21]. https://www.littleplace.com/post/ why-satellite-edge-computing.

[19] Xue M F，Zhang Y S，Wang J，et al. Intellectual property protection for deep learning models：Taxonomy，methods，attacks，and evaluations[J]. IEEE Transactions on Artificial Intelligence，2021，3（6）：908-923.

[20] Koroniotis N，Moustafa N，Slay J. A new intelligent satellite deep learning network forensic framework for smart satellite networks[J]. Computers and Electrical Engineering，2022，99：107745.

[21] Yan Y J，Han G J，Xu H H. A survey on secure routing protocols for satellite network[J]. Journal of Network and Computer Applications，2019，145：102415.

[22] Gharib M，Yousefi'zadeh H，Movaghar A. Secure overlay routing using key pre-distribution：A linear distance optimization approach[J]. IEEE Transactions on Mobile Computing，2015，15（9）：2333-2344.

[23] Altaf I，Saleem M A，Mahmood K，et al. A lightweight key agreement and authentication scheme for satellite-communication systems[J]. IEEE Access，2020，8：46278-46287.

[24] Qi L，Zhi L. Authentication and access control in satellite network[C]//2010 Third International Symposium on Electronic Commerce and Security，2010：17-20.

[25] Roy-Chowdhury A，Baras J S，Hadjitheodosiou M，et al. Security issues in hybrid networks with a satellite component[J]. IEEE Wireless Communications，2005，12（6）：50-61.

[26] Hubenko V P，Raines R A，Baldwin R O，et al. Improving satellite multicast security scalability by reducing rekeying requirements[J]. IEEE Network，2007，21（4）：51-56.

[27] Howarth M P，Iyengar S，Sun Z，et al. Dynamics of key management in secure satellite multicast[J]. IEEE Journal on Selected Areas in Communications，2004，22（2）：308-319.

[28] Lohani S，Joshi R. Satellite network security[C]//2020 International Conference on Emerging Trends in Communication，Control and Computing（ICONC3），2020：1-5.

[29] Li C J，Sun X C，Zhang Z. Effective methods and performance analysis of a satellite network security mechanism based on blockchain technology[J]. IEEE Access，2021，9：113558-113565.

[30] Xue K P，Meng W，Li S H，et al. A secure and efficient access and handover authentication protocol for Internet of Things in space information networks[J]. IEEE Internet of Things Journal，2019，6（3）：5485-5499.

[31] Kong Q L，Lu R X，Yin F. Achieving efficient and secure handover in LEO constellation-assisted beyond 5G networks[J]. IEEE Open Journal of the Communications Society，2021，3：641-653.

[32] Pfandzelter T，Bermbach D. Qos-aware resource placement for leo satellite edge computing[C]//2022 IEEE 6th International Conference on Fog and Edge Computing（ICFEC），2022：66-72.

[33] Gao X Q，Liu R K，Kaushik A. Virtual network function placement in satellite edge computing with a potential game approach[J]. IEEE Transactions on Network and Service Management，2022，19（2）：1243-1259.

[34] Uddin R，Kumar S. SDN-based federated learning approach for satellite-IoT framework to enhance data security and privacy in space communication[J]. IEEE Journal of Radio Frequency Identification，2023，7：424-440.

[35] Kim T，Wright S J. PMU placement for line outage identification via multinomial logistic regression[J]. IEEE Transactions on Smart Grid，2016，9（1）：122-131.

[36] European Space Agency. What is on-board data processing？[EB/OL]. [2024-09-21]. https://www.esa.int/Enabling_Support/Space_Engineering_Technology/Onboard_Data_Processing/What_is_On-board_Data_Processing.

[37] Ma L H，Wang X L，Li S M. Accuracy analysis of GPS broadcast ephemeris in the 2036th GPS week[C]//IOP Conference Series：Materials Science and Engineering，2019，631（4）：042013.

[38] Lin Y S，Feng W，Zhou T，et al. Integrating satellites and mobile edge computing for 6g wide-area edge intelligence：Minimal structures and systematic thinking[J]. IEEE Network，2023，37（2）：14-21.

[39] Galindo D，Garcia F D. A Schnorr-like lightweight identity-based signature scheme[C]// Progress in Cryptology（AFRICACRYPT 2009），2009：135-148.

[40] Del Portillo I，Cameron B G，Crawley E F. A technical comparison of three low earth orbit satellite constellation systems to provide global broadband[J]. Acta astronautica，2019，159：123-135.

第4章　远海风电场的安全在轨异常识别及查询

本章提出一种基于 LEO 卫星的安全在轨异常识别及查询机制。该机制中利用 XOR 过滤器[1]和简洁的 PSI 协议[2]，通过两颗卫星完成异常行为的安全在轨识别。同时实现供应链成员通过卫星对异常行为的在轨可验证查询。具体来说，本章的内容主要有以下三个方面。首先，本章提出的方案结合 XOR 过滤器和简洁的 PSI 协议来实现安全高效的在轨异常识别。该方案首先将大量的异常数据集成到 XOR 过滤器中，然后利用 XOR 过滤器的指纹执行简洁的 PSI 协议，该方案将计算复杂度从 $O(m^2)$降低到 $O\left(l_a^2\right)$，其中 $l_a = 2^k \times (1 - \mathrm{e}^{-m/2^k})$，$k$ 表示 XOR 过滤器中指纹的长度。其次，本章提出的方案通过累加器和基于身份的签名方案来支持对异常行为的安全在轨查询。提供异常查询服务的卫星将识别到的异常数据构建为累加器，计算所有数据的成员见证，并与其他卫星协同生成数字签名。当供应商查询异常数据时，计算复杂度为 $O(1)$。最后，本章从机密性和可验证性两个方面验证所提出的异常识别方案的安全性。通过性能实验表明，所提出的方案在计算开销和通信开销方面优于简洁的 PSI 协议。

4.1　相关工作

本节首先分析安全在轨异常识别及查询机制的研究动机，其次回顾与方案密切相关的技术：卫星网络安全技术以及简洁的 PSI 协议。

4.1.1　研究动机

近年来，随着航天工业和集成电子元件的发展，在轨服务正在逐渐引起人们的关注。它不仅可以提供高达 100 倍的数据压缩，还可以实现偏远地区近实时的危机识别[3]。卫星在轨载荷处理包括数据的采集、选择、压缩以及存储等过程，然而，目前在轨数据处理的相关研究主要集中在遥感图像上[4, 5]，最终目的是加快星载图像的计算速度，降低数据下行的通信开销[6]。以 Starlink 为代表的 LEO 卫星星座的发展为偏远农村和发展中国家等无法被传统地面通信网络覆盖的地区提供了宽带覆盖的可能[7]。通过超密集的 LEO 卫星的在轨数据处理能力，可以为没有被可靠地面通信网络覆盖的地区提供多种卫星监测应用，如采气等偏远地区的监控以及管道等远距离监测[8]。

LEO 卫星星座是远程观测和监控行业共享的在轨平台，因此需要保护卫星传输和处理的数据安全。在远海风电场的异常识别中，需要保护可疑的异常读数和实时观测数据的机密性，这些数据通常与部件的设计信息、性能参数相关，属于商业数据，并且通常与能源安全有关，同时在执行在轨识别过程时不应该暴露远海风电场的异常行为。卫星的能源供应通常依赖于太阳能电池板，因此需要仔细评估这些在轨服务带来的系统开销。尽管在卫星执行异常识别过程中需要安全在轨增强机制，但它不会给远海风电场和卫星运营商带来直接收益，因此应该最大限度减少在轨资源的消耗。

由于卫星具备一定的存储能力，卫星还可以对发现的异常行为提供在轨查询服务，使得供应商可以检查其提供给远海风电场的部件状态。在此过程中供应商不愿透露部件的真实异常情况，因此整个在轨查询过程需要保密。为了保证被识别的异常行为的真实性，参与的两颗卫星都需要证明其对异常行为的确认。由于星载资源的限制，在轨异常查询过程应尽可能减少系统的开销。要实现在轨异常查询需要设计一种可验证的在轨查询机制，在满足在轨资源限制下实现高效率的在轨查询。现有的卫星网络保护技术主要集中在星地链路和星间链路的真实性和保密性[9]，包括对等认证[10, 11]和密钥管理协议[12]，而对卫星协同计算的数据安全保护的研究相对较少。

4.1.2 卫星网络安全技术

关于卫星网络安全的研究目前还处于起步阶段，在卫星网络中应用密码协议的研究主要集中在卫星通信的保护和卫星网络中的安全移动性管理机制两个方面。

卫星通信的保护主要依赖于设计密钥分发和密钥管理框架，来实现通信链路的保密性、完整性和可用性，保证传输数据在传送过程中不被窃听、篡改或破坏。目前，在密钥分配和协议设计方面已经有很多研究成果。对于 LEO 卫星系统中的组播，现有研究主要集中于提高密钥分发过程的效率[12]。为了实现安全路由，采用密码技术保证路由过程的执行，同时对信息进行认证和完整性验证。为了实现安全路由的构建和维护[13]，需要实现可认证、保密性和不可否认的安全需求。

安全移动性管理机制包括安全切换机制和安全位置管理，其安全需求涉及相互认证、密钥建立和前向/后向密钥分离。为了实现星间切换，Kong 等[14]针对 LEO 卫星传播时延长和卫星机载处理能力受限的挑战，提出了一种安全的用户访问和星间切换机制，该机制实现了相互认证以及前向/后向密钥分离。还有学者在考虑安全访问控制的基础上，提出了空间信息网络的安全切换机制[15]。然而，上述方案主要侧重于保护卫星网络，没有考虑对在轨数据处理的保护。

4.1.3　PSI 协议

PSI 协议可以在隐私保护中，将多个隐私集合进行比较并找出他们之间的共同部分，但不属于交集的元素仍然是私有的[16]。可以将其分为基于不经意传输（OT）的 PSI 协议和基于 RSA 或双线性映射的 PSI 协议两类。

本章所提出的方案利用了基于双线性映射的 PSI 协议[2]，适用于网络资源受限的情况下的大数据集合和小数据集合的场景。然而，由于受在轨资源能量供应的限制，需进一步减小卫星的计算开销和通信丌销。为了应对这一挑战，本章将 XOR 过滤器与简洁的 PSI 协议结合来进一步减少在轨资源消耗。

4.2　系统模型、安全需求和设计目标

本节首先介绍在远海风电场场景下基于 LEO 卫星的安全在轨异常识别和查询机制的系统模型；其次明确该场景下所面临的安全威胁以及需求，即机密性和可验证性；最后提出方案的设计目标。

4.2.1　系统模型

利用 LEO 卫星实现对风力发电系统的远程监控和数据监测，可以有效地防止

发电机故障，降低运行成本[17]。在该系统模型中，考虑风力发电机结构组件监测的应用。例如，用于测量波高的雷达、用于观测塔台稳定性的倾斜仪以及加速度计等。卫星利用星载计算能力和数据存储设备，与其他卫星执行异常识别过程，并向组件供应商提供在轨查询服务。

阶段 1：可再生能源运营商通过地面站（GS）与太阳同步卫星 Sat_a 连接。如图 4.1（a）所示，可再生能源运营商从所有的组件供应商处收集所有可能的异常数据，并发送序列 $X=(x_1,x_2,\cdots,x_m)$ 给 Sat_a。当运行到极区时，Sat_a 寻找将会经过目标远海风电场上空的另一颗太阳同步卫星 Sat_b，Sat_b 负责收集风力发电机的实时数据，即 $Y=(y_1,y_2,\cdots,y_m)$。当 Sat_a 和 Sat_b 在极区相遇时，协作计算大集合 X 和小集合 Y 的交集。

阶段 2：远海风电场的风力发电机组件供应链中包含多个组件供应商，卫星 Sat_a 利用自身的在轨存储设备支持组件供应商进行异常查询，如图 4.1（b）所示。组件供应商可以通过地面接入点（GAP）与卫星 Sat_a 进行通信。

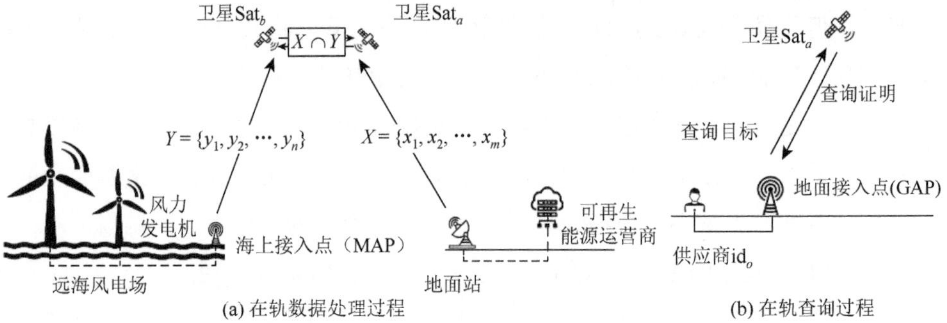

图 4.1　LEO 卫星的异常识别和查询方案

该系统主要考虑以下几个实体。

（1）卫星：该系统中有两种类型的卫星，第一类卫星（Sat_a）与可再生能源运营商之间通信，接收来自 GS 的所有可能异常参数，负责雇佣其他轨道上的卫星来收集远海风电场的实时数据并协同计算集合交集，同时负责响应不同组件供应商的异常查询；第二类卫星（Sat_b）负责收集远海风电场的实时数据并协助 Sat_a 完成异常识别过程。

（2）地面站（GS）：负责向第一类卫星 Sat_a 发送异常数据序列 X。

（3）海上接入点（MAP）：MAP 位于远海风电场附近，负责发送风力发电机的实时数据集合 Y 给卫星 Sat_b。

（4）供应链成员：当卫星 Sat_a 到达组件供应商上空时，组件供应商可以向 Sat_a 查询异常数据，如果查询数据在异常集合交集中，Sat_a 则给出相应证明。

通信模型：可再生能源运营商和 GS 之间通过安全的有线通信进行连接，GS/MAP 和卫星之间的通信通过星地链路实现。低轨卫星之间的通信主要是通过星间链路，MAP 和传感器之间通信通过局域网（LAN）来实现。

4.2.2　安全需求

在安全模型中，假设 GS 是半诚实的，因为地面站可以由多个行业和卫星运营商共享；假设卫星是半诚实的，所有卫星（由不同的卫星运营商拥有和维护的卫星）都遵循协议，但会在协议执行期间试图推导额外的信息。由于 MAP 位于偏远且难以到达的位置，假设其是可信任的，因为到达偏远位置破坏 MAP 的费用远远超过学习结构组件的收益。此外，假设敌手 A 可以被动窃听传输的消息。

假设该系统中不存在任何两个实体之间的共谋，由于 GS 的作用是提供卫星网络网关，因此 GS 的任何共谋行为都可能损害其声誉。MAP 位于远海风力发电场，其与卫星的共谋没有任何好处，卫星不一定属于同一个运营商，而获取异常的风力发电机数据不会给卫星运营商带来任何收益。

为了实现基于在轨计算和存储设备的安全数据异常识别及查询，所提出的方案应该满足机密性和可验证性的安全需求。①机密性：传感器的数据可以提供每个单独部件的特性和设计信息，这是远海风电场的商业数据。同时，由于远海风电场与能源安全密切相关，了解这些部件的特性可能会在运输或者施工过程中造成物理损坏。为了防止卫星对风力发电机的状态进行判断，只允许卫星得到两个集合交集的结果，无法得知其真实数据。因此，所提出的在轨数据计算方案应该满足机密性。②可验证性：当供应链成员向卫星查询异常数据时，Sat_a 应证明所查询的数据存在于异常数据交集中，同时需要卫星 Sat_a 和 Sat_b 共同证明查询结果的真实性。

4.2.3 设计目标

设计目标是为远海风电场设计一种在轨数据处理和存储的安全在轨异常识别方案，该方案需要满足以下设计目标。

（1）所提出的方案应该满足安全需求。如果方案不能保证机密性，可能会泄露异常数据和风力发电机运行状态，攻击方可能会推测出风力发电机的设计信息和性能参数，从而破坏整个可再生能源系统；如果方案不具备可验证性，则无法保证所识别的异常数据的真实性。如果方案不具备机密性和可验证性，MAP 和可再生能源运营商不愿意使用在轨服务，远海风电场的远程监控和维护所面临的现实困难就无法解决。

（2）所提出的方案应该具备较高的效率。第一类卫星需要与多个卫星协同完成集合求交的过程。受星载资源的限制，用于 PSI 计算的计算资源应尽可能在多颗卫星上重复使用。目前卫星星载设备在尺寸、重量和功率方面有严格的限制，需要将密码系统的能耗降到最小。假设星间链路具有较高的带宽，但是两颗卫星的交会时间是有限的，并且异常识别过程最终可能得到一个很小的交集。因此所提出的方案应该使密码系统带来的系统开销尽可能小。

4.3 基于卫星边缘计算的安全在轨异常查询方案

在该远海风电场场景下的安全在轨数据处理及查询方案中，主要利用了 XOR 过滤器[1]和简洁的 PSI 协议[2]，该方案也利用累加器[19]和一个基于身份的签名方案[20]实现了可验证的在轨异常查询。该方案主要包括系统初始化、安全异常集合求交、安全在轨异常查询三个过程，以下将进行详细叙述。

4.3.1 系统初始化

在系统初始化阶段，假设可再生能源运营商作为可信权威中心（TA）来生成整个系统。给定安全参数 k，TA 运行 $\text{Gen}(k)$ 初始化双线性映射，生成七元组 (q,G_1,G_2,G_T,e,P,Q)，其中 $P\in G_1$，$Q\in G_2$，TA 选择三个哈希函数 $H(\cdot):\{0,1\}^*\to \mathbf{Z}_q^*$、$H_1(\cdot):\{0,1\}^*\to G_1$、$H_2(\cdot):\{0,1\}^*\to G_2$，选择随机数 $\alpha\in \mathbf{Z}_q^*$ 作

为主密钥，生成系统公钥 $\mathrm{pk}_1=\alpha\cdot P\in G_1$、$\mathrm{pk}_2=\alpha\cdot Q\in G_2$。TA 初始化 XOR 过滤器，选择输出为 k bit 的指纹函数 $f(\cdot)\to\{0,1\}^k$，同时选择一个足够大的数组来创建 XOR 过滤器。

在第一类卫星 Sat$_a$ 注册阶段，TA 首先计算基于卫星身份信息的序列 $\boldsymbol{u}_a=(u_{a,1},\cdots,u_{a,l})=(\alpha\cdot H_1(\mathrm{id}_a),\cdots,\alpha^l\cdot H_1(\mathrm{id}_a))$，其中 $l=2^k$ 为指纹的长度。同时 TA 安全发送序列 $\boldsymbol{u}_a$ 给 Sat$_a$。当第二类卫星 Sat$_b$ 注册时，TA 会生成基于身份的密钥 $u_b=\alpha\cdot H_2(\mathrm{id}_b)$，并且安全发送给 Sat$_b$。远海风电场的注册阶段，组件供应商 id$_o$ 选择密钥 s_o 并分享给 MAP。

4.3.2　安全异常集合求交

安全异常集合求交过程主要有三个阶段。

阶段 1：可再生能源运营商从所有的组件供应商中组织所有的异常数据，生成一个受保护的数据项序列，即 $X=(x_1,\cdots,x_m)$。其中如果 x_i（$i\in\{1,\cdots,m\}$）属于供应商 id$_o$，则受保护的数据项表示为 $x_i=H(a_i\,\|\,s_o\,\|\,T_k)$，其中 a_i 是异常读数，T_k 表示时间段 k 的标识。可再生能源运营商通过 GS 将序列 X 发送给卫星 Sat$_a$，Sat$_a$ 执行下述步骤来组织序列 X 中的数据项。

（1）Sat$_a$ 运行 XOR.build$(X,f(\cdot))$ 生成长度为 $|B_a|=\lfloor 1.23\cdot|X|\rfloor+32$ 的数组 B_a 以及三个哈希函数 $(h_{a,0},h_{a,1},h_{a,2})$，Sat$_a$ 生成包含所有指纹的集合 $F_a=(f_1,\cdots,f_{l_a}),l_a<l$。Sat$_a$ 按照 $(f_i,(x_{i,1},\cdots,x_{i,w}))$ 的形式组织异常数据，其中 $f_i\in F_a$，数据项 $x_{i,j}\in X$ 的指纹为 f_i，w 表示在 X 中指纹 f_i 的数据项有 w 个。

（2）Sat$_a$ 选择随机数 $r_a\in\mathbf{Z}_q^*$，计算元素 $R_a=r_a\cdot\left(\sum_{i=0}^{l_a}c(F_a,i)\cdot u_{a,i}\right)$，$u_{a,0}=H_1(\mathrm{id}_a)$，系数 $c(F_a,i)$ 来自 $P(F_\alpha,\alpha)=(\alpha+f_1)\cdot(\alpha+f_2)\cdots(\alpha+f_{l_a})\bmod q=c(F_\alpha,l_a)\cdot\alpha^{l_a}+\cdots+c(F_\alpha,0)\bmod q$。其中 $i\in\{0,\cdots,l_a\}$。Sat$_a$ 生成序列 $R=(R_{-1},\cdots,R_{-l_a})$：

$$R_{-j}=r_a\cdot\sum_{i=0}^{l_a-1}c(F_a^{-j},i)\cdot u_{a,i},\forall j\in\{1,\cdots,l_a\}\tag{4.1}$$

其中，$c(F_a^{-j},i)$ 为多项式 $P(F_a^{-j},\alpha)$ 的系数，并且 $P(F_a^{-j},\alpha)$ 满足条件 $P(F_\alpha,\alpha)=P(F_\alpha^{-j},\alpha)\cdot(\alpha+f_j)$。当 Sat$_a$ 识别出 Sat$_b$ 将经过目标远海风电场时，生成消息 $\mathrm{msg}_1=B_a\,\|\,R_a$ 并发送给 Sat$_b$。

阶段 2：在时间 T_k 时，MAP 收集远海风电场所有组件的传感器数据，表示为 $Y=(y_1,\cdots,y_n)$。供应商 id_o 产生的数据项表示为 $Y_j=H(b_j\|s_o\|T_k)$，$j\in\{1,\cdots,n\}$，其中 b_j 是真实组件数据。

当接收到 msg_1 之后，当 Sat_b 运行到 MAP 上空时接收集合 Y。为计算 X 和 Y 的交集，Sat_b 先生成 Y_b 和 F_b 两个空集。对于每个数据项 $y_j\in Y$，Sat_b 检测 $\mathrm{XOR.Test}(y_j,B_a)\rightarrow \mathrm{True}/\mathrm{False}$。如果结果为 True，$\mathrm{Sat}_b$ 将 y_j 储存在集合 Y_b 中；对于每个数据项 $y_j\in Y$，Sat_b 计算指纹 $f_j=f(y_j)$，并且储存在集合 F_b 中；对于每个指纹 $f_d\in F_b(d\in\{1,\cdots,l_b\})$，$\mathrm{Sat}_b$ 选择随机数 $t_d\in\mathbf{Z}_q^*$，选择随机置换函数 $\pi:[l_b]\rightarrow[l_b]$，生成 (T_d,U_d)，即

$$\begin{cases}T_d=H(e(t_d\cdot H_2(\mathrm{id}_b),R_a))\\U_d=t_d\cdot(u_b+f_{\pi(d)}\cdot H_2(\mathrm{id}_b))\end{cases}\tag{4.2}$$

此外，对于每个指纹 f_d，Sat_b 生成集合 $Z_d=(z_{d,1},\cdots,z_{d,v})$，其中，$z_{d,i}=H(y_{\pi(d),i}\|e(H_2(\mathrm{id}_b)^{t_d},R_a))$，$i\in\{1,\cdots,v\}$，$v$ 是集合 Y_b 中指纹 f_d 的数据项的数目。Sat_b 生成 $\mathrm{msg}_2=\{((T_1,U_1),Z_1)\|\cdots\|((T_{l_b},U_{l_b}),Z_{l_b})\}$ 并发送给 Sat_a。

阶段 3：当接收到 msg_2 之后，Sat_a 执行以下步骤。对于 $d\in\{1,\cdots,l_b\}$，检查是否所有指纹 f_d 存在于 F_a 之中，即

$$H(e(U_d,R_{-i}))=H(e(t_d\cdot(u_b+f_{\pi(d)}\cdot H_2(\mathrm{id}_b))R_{-i}))=T_d,\forall i\in\{1,\cdots,l_a\}\tag{4.3}$$

如果公式（4.3）成立，则 Sat_a 判断是否每个数据项 $x_{\pi(d),j},(j\in\{1,\cdots,w\})$ 存在于 Z_d，即

$$z_{\pi(d),i}=H(x_{\pi(d),j}\|e(U_d,R_{-d})),\forall i\in\{1,\cdots,v\}\tag{4.4}$$

如果公式（4.4）成立，Sat_a 将 $x_{\pi(d),j}$ 放在最后的交集集合 P_s 中，最终得到的集合 $P_s=X\cap Y=\{p_1,\cdots,p_e\}$ 即为识别得到的异常数据。

4.3.3　安全在轨异常查询

卫星 Sat_a 得到集合 X 和 Y 的交集集会 $P_s=X\cap Y=\{p_1,\cdots,p_e\}$ 后，选择随机数 $r_s\in\mathbf{Z}_q^*$，利用交集元素来构建累加器，即

$$\begin{aligned}\mathrm{Acc} &= r_s \cdot \left(u_{a,e} + \left(\sum_{i\in P_s} p_i \right) \cdot u_{a,e-1} + \cdots + \left(\prod_{i\in P_s} p_i \right) \cdot u_{a,0} \right) \\ &= r_s \cdot \left(\alpha^e + \left(\sum_{i\in P_s} p_i \right) \cdot \alpha^{e-1} + \cdots \left(\prod_{i\in P_s} p_i \right) \right) \cdot H_1(\mathrm{id}_a) \\ &= r_s \cdot \left(\prod_{i\in P_s} (\alpha + p_i) \cdot H_1(\mathrm{id}_a) \right)\end{aligned} \tag{4.5}$$

然后，Sat_a 计算交集中数据项的成员见证，得到 $P = (P_{-1}, \cdots, P_{-e})$ ，即

$$P_{-j} = r_s \cdot \left(u_{a,e-1} + \left(\sum_{i\in P_s, i\neq j} p_i \right) \cdot u_{a,e-2} + \cdots u_{a,0} \right) = r_s \cdot \prod_{i\in P_s, i\neq j} (\alpha + p_i) \cdot H_1(\mathrm{id}_a) \tag{4.6}$$

最后，Sat_a 生成消息 $\mathrm{msg}_3 = \mathrm{Acc} \| P$ 并发送给卫星 Sat_b。卫星 Sat_b 接收后，验证所有成员见证的正确性，即

$$e(\mathrm{Acc}, Q) = e(P_{-j}, \mathrm{pk}_2 + y_j \cdot Q), \forall y_j \in Y_b \tag{4.7}$$

如果集合 P 中所有元素都验证成功，Sat_b 对累加器 Acc 签名 $\sigma_b = (\sigma_{b,1}, \sigma_{b,2}, \sigma_{b,3})$ ，首先选择随机数 $r_b \in \mathbf{Z}_q^*$ ，然后计算

$$\begin{cases} \sigma_{b,1} = e(P, Q)^{r_b} \\ \sigma_{b,2} = H(\mathrm{Acc}, \sigma_{b,1}) \\ \sigma_{b,3} = \sigma_{b,2} \cdot u_b + r_b \cdot Q \end{cases} \tag{4.8}$$

Sat_b 将签名发送给卫星 Sat_a，Sat_a 接收后验证签名的正确性，即

$$\sigma_{b,1} \cdot e(\mathrm{pk}_1, \sigma_{b,2} \cdot H_2(\mathrm{id}_b)) = e(P, \sigma_{b,3}) \tag{4.9}$$

如果验证成功，Sat_a 存储签名 σ_b 。

当供应商 id_o 想查询可疑组件数据 a_q ，首先选择随机数 $r_o \in \mathbf{Z}_q^*$ ，使用 pk_2 加密 $q_o = H(a_q \| s_o \| T_k)$ ，得到密文 $k_o = (k_{o,1}, k_{o,2})$ ，即

$$\begin{cases} k_{o,1} = q_o \cdot H(e(H_1(\mathrm{id}_a), \mathrm{pk}_2)^{r_o}) \bmod q \\ k_{o,2} = r_o \cdot Q \end{cases} \tag{4.10}$$

供应商 id_o 发送查询 k_o 给卫星 Sat_a，Sat_a 接收 k_o 后，使用基于身份的密钥 $\hat{u}_{a,1}$ 解密，即

$$q_o = k_{o,1} / H(e(k_{o,2}, \hat{u}_{a,1})) \bmod q \tag{4.11}$$

如果 $q_o \in P_s$ ，Sat_a 发送该元素的成员见证 P_{-o} 以及签名 σ_b 给供应商 id_o，按照公式（4.8）和公式（4.9）来验证 q_o 是否存在于集合 P_s 中。

4.4 安全性分析

本节主要分析所提出的方案的安全性，由于所提出的方案的安全目标有两个，因此，本节首先分析方案的机密性，然后分析方案满足的可验证性。

4.4.1 所提出的方案满足机密性

在该方案中，真实的异常读数只有可再生能源运营商和 MAP 可以得到。对于可能的异常行为，可再生能源运营商通过加密对其进行保护［例如数据项 x_i 表示为 $x_i = H(a_i \| s_o \| T_k)$］，因此卫星 Sat_a 并不能得到真实的异常读数 a_i。在异常数据求交集过程中，为了防止 Sat_b 从集合 X 中学习到异常数据项的相关信息，Sat_a 将集合 X 映射到 XOR 过滤器中得到数组 B_a。得到 B_a 之后，Sat_b 只能够检查某个数据项是否存在于 B_a，不能得到 XOR 过滤器中的元素的真实值。所采用的简洁的 PSI 协议在(1, l)-SBDDH 假设下被证明是安全的[2]，即从 R_a 中不能恢复出 $F_a = (f_1, \cdots, f_{l_a})$。因此，$\mathrm{Sat}_a$ 所处理的数据项在集合交集之前是保密的。

对于指纹集合 F_b，Sat_b 按照公式（4.2）利用指纹生成元素 (T_d, U_d)。给定 (T_d, U_d)，只有拥有集合 R 的 Sat_a 可以重新计算 $e(R_a, H_2(\mathrm{id}_b))^{t_b}$，并验证 T_d 的正确性。给定指纹 $f_{\pi(d)}$，只有卫星 Sat_a 可以检查每个指纹 $f_{\pi(d)}$ 的数据项 $z_{d,i}$ 是否存在。如果一个数据项 $z_{d,i}$ 存在于 X 中，Sat_a 就可以确定 $x_{\pi(d),i}$ 属于集合交集；如果数据 $z_{d,i}$ 不存在于集合 X 中，Sat_a 也无法得知该数据项的真实值。在异常查询阶段，供应商生成的查询通过公式（4.10）加密，只有拥有密钥 $\hat{u}_{a,1}$ 并通过公式（4.11）才能够解密。因此在安全在轨异常识别及查询过程中实现了机密性的安全目标。

4.4.2 所提出的方案满足可验证性

为了保护交集数据项 p_i，$i \in \{1, \cdots, e\}$，Sat_a 通过公式（4.5）构造累加器 Acc，其在(1, l)-SBDDH 假设下证明是安全的。给定累加器 Acc 和成员见证，只能验证相关元素是否存在，并不能推测出累加器中所包含的数据项。Acc 的正确性需要 Sat_b 证明，因此 Sat_b 生成一个基于身份的数字签名，该数字签名方案在自适应选择消息攻击下是不可伪造的。对于供应商的每次查询，供应商先用累加器 Acc 和成员见证验证该数据是否存在，然后验证卫星 Sat_b 的签名 σ_b，从而在安全在轨查询过程中实现可验证的安全目标。

4.5　实 验 评 估

本节将所提出的方案与简洁的 PSI 协议在计算开销和通信开销方面进行对比。该方案与简洁的 PSI 协议的主要区别在于，该方案使用 XOR 过滤器对目标异常数据进行过滤，并利用指纹来完成简洁的隐私集合求交协议的交互。本节在 macOS Catalina 平台上使用 1.4GHz 四核 Intel（R）Core（TM）i5 处理器和 8GB 内存进行实验。同时利用 JPBC 库中的 Type-A1 型曲线[21]，其使用 160bit 的大素数 q 和 1024bit 的双线性映射生成元，在群中的一个乘法操作的计算开销是 $c_m = 8.5\text{ms}$，一个单独的双线性映射操作的计算开销是 $c_b = 4.7\text{ms}$。

4.5.1　计算开销

本节分别计算和对比了在阶段 1、阶段 2 和阶段 3 时所提出的方案与对比方案的计算开销。在阶段 1，所提出的方案的计算开销为 $c_x + c_m \times (l_a^{\ 2} + 2 \times l_a + 2)$，其中 c_x 是构建 XOR 过滤器的计算开销，集合 X 中数据项的指纹长度表示为 $l_a = 2^k \times (1 - \mathrm{e}^{-m/2^k})$，其中 m 为集合 X 中数据项数量，计算复杂度为 $O(l_a^{\ 2})$。表 4.1 是当指纹长度 k 设置为 8bit 和 16bit 时的 XOR.build 过程的计算开销，c_x 与双线性映射的时间相比可以忽略。

表 4.1　XOR 过滤器的计算开销　　（单位：ms）

指纹长度	m/个				
	2 000	4 000	6 000	8 000	10 000
8bit	0.20	0.41	0.61	0.82	1.00
16bit	0.21	0.40	0.62	0.81	1.00

同时，对比方案的计算开销为 $c_m \times (m^2 + 2 \times m + 2)$，计算复杂度为 $O(m^2)$。图 4.2（a）中展示了阶段 1 计算开销的对比。当指纹长度设置为 8bit 时，m 在 10^3

到 10^4 之间变化时，所提出的方案的计算开销是 10^5ms 数量级［图 4.2（a）中插图］；当指纹长度设置为 16bit 时，计算开销是 10^8ms 数量级。仿真结果表明 m 在 10^3 到 10^4 之间变化时，所提出的方案优于对比方案。

在阶段 2 时，所提出的方案的计算开销是 $c_b \times l_b + 3 \times c_m \times l_b$，计算复杂度为 $O(l_b)$，对比方案的计算开销是 $c_b \times n + 3 \times c_m \times n$，其中 n 为集合 Y 中数据项数量，计算复杂度为 $O(n)$。

图 4.2（b）和图 4.2（c）展示和对比了 n 从 20 变化到 200 时所提出的方案与对比方案的计算开销。从图中可以看出，所提出的方案的计算开销远小于对比方案的。$k = 8$bit 的计算开销低于 $k = 16$bit 的计算开销，因为 l_b 随着 k 的增加而增加。

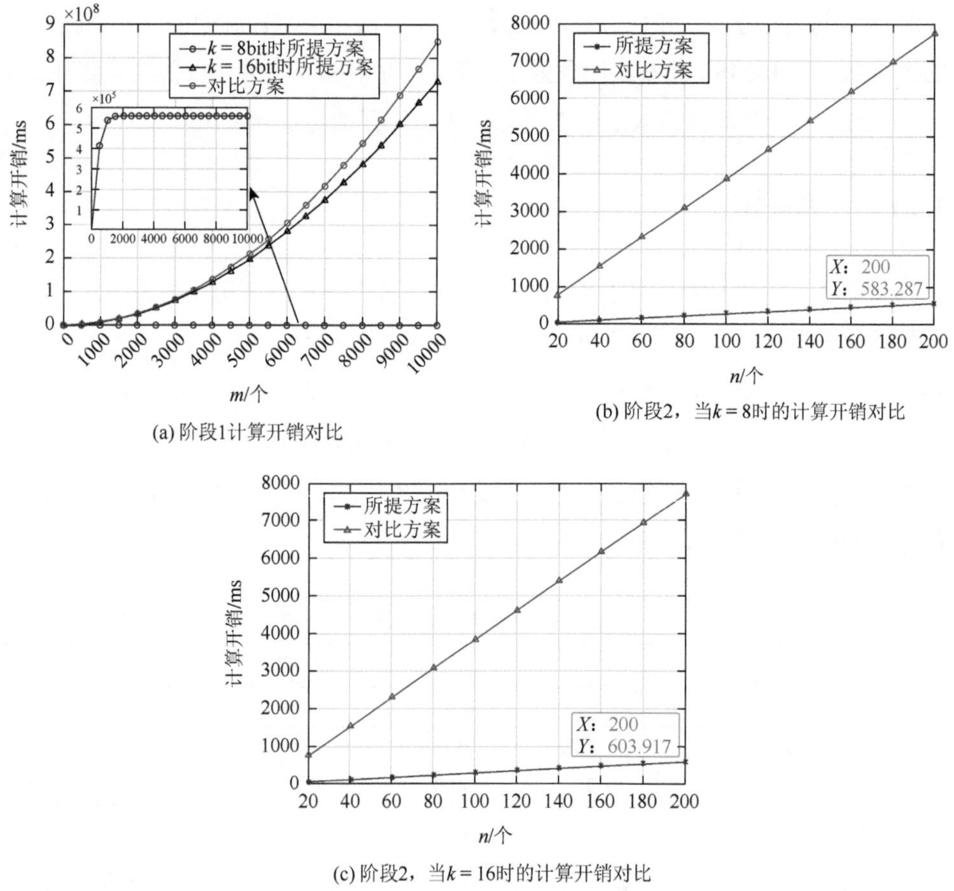

(a) 阶段1计算开销对比

(b) 阶段2，当$k = 8$时的计算开销对比

(c) 阶段2，当$k = 16$时的计算开销对比

图 4.2　计算开销的对比

由于计算复杂度从 $O(n)$降低到$O(l_b)$，故在阶段 2 时所提出的方案在计算开销方面更具优势。

阶段 3 中，所提出的方案的计算开销为$l_a \times l_b \times c_b$，计算复杂度为$O(l_a \times l_b)$。同时，对比方案的计算开销为$m \times n \times c_b$，计算复杂度为$O(m \times n)$。图 4.3（a）和图 4.3（b）分别是 m 从 100 到 2000，n 从 10 到 60 变化时所提出的方案和对比方案的计算开销。实验结果表明，与对比方案相比，所提出的方案将计算复杂度从$O(m \times n)$ 降低为$O(l_a \times l_b)$。

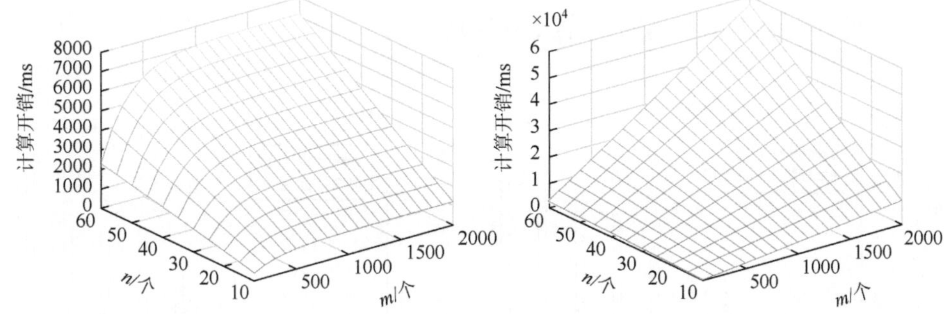

(a) 所提出的方案的计算开销　　(b) 对比方案的计算开销

图 4.3　阶段 3 计算开销的对比

4.5.2　通信开销

本节对安全异常集合求交的通信开销进行评估。在所提出的方案中通信开销主要是$\mathrm{msg}_1 = \mathrm{B}_a \| \mathrm{R}_a$和$\mathrm{msg}_2 = \{((T_1, U_1), Z_1) \| \cdots \| ((T_{l_b}, U_{l_b}), Z_{l_b})\}$。因为选择的大素数 q 是 160bit，双线性映射的生成元是 1024bit，所提出的方案的通信开销为$c_1 = (\lfloor m \cdot 1.23 + 32 \rfloor \times k + 1024) + (l_b \times (160 + 1024) + v \times 160)$ bit，其中 v 为集合 Y_b 中元素数目，k 为指纹的长度。假设集合 Y 的异常概率$p = 0.1$，但实际要远小于 0.1，带有异常概率的l_b表示为$l_b = 2^k \times (1 - \mathrm{e}^{-n \times p/(2^k)}) / (1 - 1/2^k)$，$v = n \times p / (1 - 1/2^k)$。对比方案的通信开销为$c_2 = 1024 + n \times (160 + 1024)$ bit。

图 4.4 展示了在阶段 1 和阶段 2 所提出的方案与简洁的 PSI 协议通信开销的对比，由于所提出的方案引入了 XOR 过滤器，通信开销会随着 m 和l_b的增加而增加，而对比方案的通信开销只与集合 Y 的大小有关。图 4.4（a）和图 4.4

(b）是 n 从 20 增加到 200 时通信开销的变化。在图 4.4（a）中，X 中的数据项个数固定为 $m=1000$，根据实验评估结果可知，即使存在 XOR 过滤器，所提出的方案的通信开销也低于对比方案。在图 4.4（b）中，$m=5000$，只有当 $n=20$ 和 40 时，所提出的方案的通信开销要高于对比方案，这是由于所提出的方案要传输 XOR 过滤器的数组。在图 4.4（c）中展示了 m 从 500 增加到 5000 时，所提出的方案与对比方案的通信开销的比较。此时，对比方案的通信开销是恒定的，因为其依赖于 n 的大小。当 $n=100$ 和 200 时，所提出的方案的通信开销不同且明显小于对比方案的通信开销，这是因为所提出的方案中使用了 XOR 过滤器，所提方案的通信开销随 m 的增加而增加。

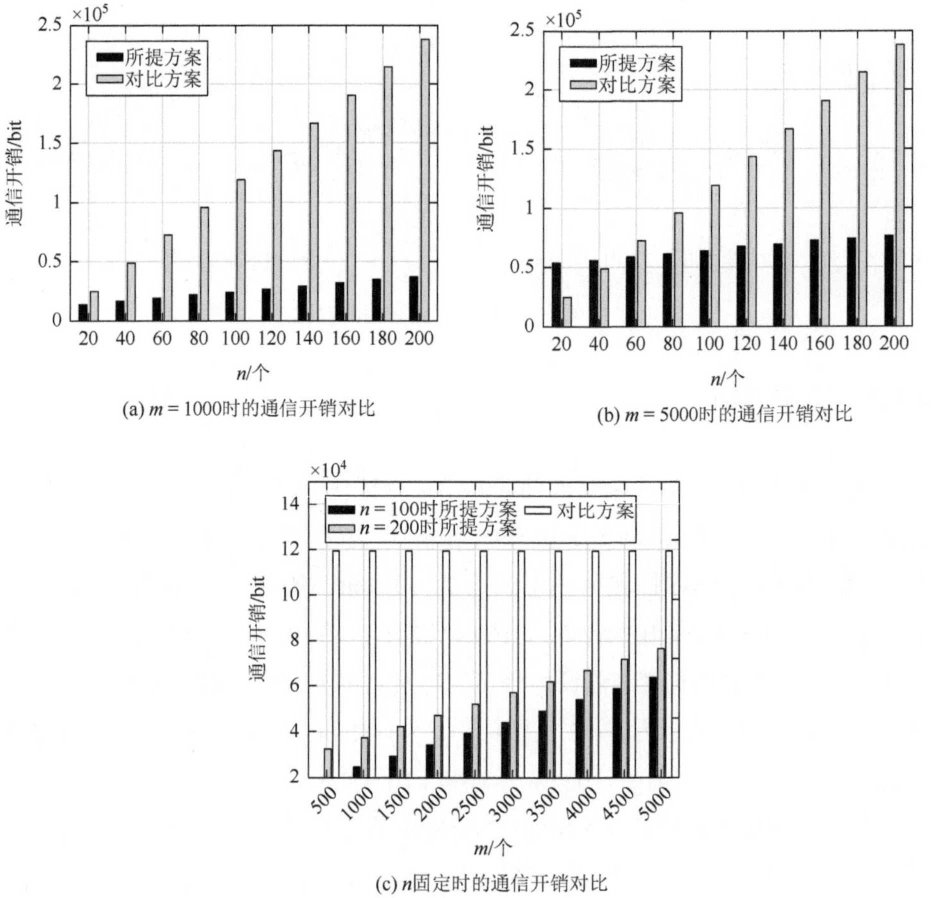

(a) $m=1000$时的通信开销对比

(b) $m=5000$时的通信开销对比

(c) n固定时的通信开销对比

图 4.4　通信开销的对比

本章提出了一种远海风电场异常识别场景下的安全在轨数据处理与查询机制，该方案将 XOR 过滤器与简洁的 PSI 协议相结合，实现了两颗 LEO 卫星之间的安全在轨异常识别，同时该方案利用累加器和基于身份的签名方案为供应商提供了对于异常行为的安全在轨查询服务。通过实验证明，与简洁的 PSI 协议相比，所提出的方案具有更高的通信和计算效率。本章目前只考虑了在一颗卫星的带领下协同其他卫星完成在轨计算的情况，受卫星轨道的限制，未来的工作中将考虑多颗卫星之间的安全协同在轨计算。

参 考 文 献

[1] Graf T M，Lemire D. Xor filters：Faster and smaller than Bloom and cuckoo filters[J]. Journal of Experimental Algorithmics（JEA），2020，25：1-16.

[2] Aranha D F，Lin C，Orlandi C，et al. Laconic private set-intersection from pairings[C]// Proceedings of the 2022 ACM SIGSAC Conference on Computer and Communications Security. 2022：111-124.

[3] KP Labs. What is on-board data processing？[EB/OL]. [2024-10-26]. https://kplabs. space/blog/what-is-on-board-data-processing.

[4] Qi B G，Shi H，Zhuang Y，et al. On-board，real-time preprocessing system for optical remote-sensing imagery[J]. Sensors，2018，18（5）：1328.

[5] Pang Y H，Zhang Y M，Kong Q L，et al. SOCDet：A lightweight and accurate oriented object detection network for satellite on-orbit computing[J]. IEEE Transactions on Geoscience and Remote Sensing，2023，61：1-15.

[6] Ghiglione M，Serra V. Opportunities and challenges of ai on satellite processing units[C]//Proceedings of the 19th ACM International Conference on Computing Frontiers. 2022：221-224.

[7] Kodheli O，Lagunas E，Maturo N，et al. Satellite communications in the new space era：A survey and future challenges[J]. IEEE Communications Surveys & Tutorials，2020，23（1）：70-109.

[8] SCADA Link. SatSCADA satellite SCADA & remote monitoring[EB/OL]. [2024-10-28]. https://www. scadalink.com/products/ satscada/satellite-remote-monitoring/.

[9] Tedeschi P，Sciancalepore S，Di Pietro R. Satellite-based communications security：A survey of threats，solutions，and research challenges[J]. Computer Networks，2022，216：109246.

[10] Yang Q Y，Xue K P，Xu J，et al. AnFRA：Anonymous and fast roaming authentication for space information network[J]. IEEE Transactions on Information Forensics and Security，2018，

14（2）：486-497.

[11] Qi L，Zhi L. Authentication and access control in satellite network[C]//2010 Third International Symposium on Electronic Commerce and Security，2010：17-20.

[12] Hubenko V P，Raines R A，Baldwin R O，et al. Improving satellite multicast security scalability by reducing rekeying requirements[J]. IEEE Network，2007，21（4）：51-56.

[13] Mahmoud M M E A，Taha S，Misic J，et al. Lightweight privacy-preserving and secure communication protocol for hybrid ad hoc wireless networks[J]. IEEE Transactions on Parallel and Distributed Systems，2013，25（8）：2077-2090.

[14] Kong Q L，Lu R X，Yin F. Achieving efficient and secure handover in LEO constellation-assisted beyond 5G networks[J]. IEEE Open Journal of the Communications Society，2021，3：641-653.

[15] Xue K Q，Meng W，Li S H，et al. A secure and efficient access and handover authentication protocol for Internet of Things in space information networks[J]. IEEE Internet of Things Journal，2019，6（3）：5485-5499.

[16] Morales D，Agudo I，Lopez J. Private set intersection：A systematic literature review[J]. Computer Science Review，2023，49：100567.

[17] Vidal Y，Aquino G，Pozo F，et al. Structural health monitoring for jacket-type offshore wind turbines：Experimental proof of concept[J]. Sensors，2020，20（7）：1835.

[18] Goh E J. Encryption schemes from bilinear maps[D]. Palo Alto：Stanford University，2007.

[19] Vitto G，Biryukov A. Dynamic universal accumulator with batch update over bilinear groups[C]// Cryptographers'Track at the RSA Conference，2022：395-426.

[20] Hess F. Eefficient identity based signature schemes based on pairings[C]//Selected Areas in Cryptography（SAC 2002），2002：310-324.

[21] De Caro A，Iovino V. jPBC：Java pairing based cryptography[C]//2011 IEEE Symposium on Computers and Communications（ISCC），2011：850-855.

第 5 章　星间安全在轨差异识别方案

本章提出一种星间安全在轨差异识别方案，鉴于在轨冗余减少的需求以及严格的载荷资源限制，本章提出一种名为 SODI 的安全在轨差异识别方案，它适用于利用两颗卫星采集相邻场景进行地震加速滑坡（EAL）监测的使用案例。本章首先提出一种基于矩阵加密的安全内积计算 MSIP 方案，它依赖于同态矩阵加密技术[1]。具体来说，MSIP 方案在两个独立实体之间实现了安全内积计算，其中两方共享一个秘密矩阵，但只有一方可以恢复内积结果。同时，本章基于哈希树构建差异比较树 DCTree 结构，实现两个向量之间的有效差异比较。其次本章提出安全在轨差异识别方案，为实现这一方案，本章将布谷鸟过滤器与 MSIP 结合，实现地形特征的安全粗粒度差异比较。由于误判概率的存在，SODI 方案进一步通过结合 MSIP 和 DCTree 进行细粒度的差异识别。最后本章通过安全分析，证明 SODI 方案的机密性。

5.1　相 关 工 作

本节首先介绍安全在轨差异识别方案的研究动机，其次对相关研究内容：安全边缘计算和安全内积功能加密进行了调研。

5.1.1　差异识别的研究动机

现代高分辨率卫星星座可以每日实现全球陆地表面成像，这有助于政府、企业和研究人员获得变化信息、进行常规监测以及理解物理世界。例如，PlanetScope 星座大约有 130 颗卫星以 475km 的轨道高度运行，提供 3m 像元分辨率和 280～630km^2 视场范围的场景产品[2]。受地面站建设的限制，下行传输无法满足卫星在轨数据采集的高速需求，例如高光谱和超宽场相机产生的数据量超过每秒 20GB[3]。尽管现代卫星装备有空间处理器，但大多数都是专门为任务如卫星高度控制而设计的。对于那些计算量大的目标检测和图像分类任务，因为其严酷的辐射环境和严苛的电源供给，将地面强大的计算能力移植到星载场景是不可能的。在在轨资源限制和动态网络拓扑带来的挑战下，提出了在轨处理的方法以充分利用收集的数据[4-9]。第一种解决方案是通过任务协调，即将图像处理任务高效地分布到多个嵌入式处理器上[6]。第二种解决方案是设计轻量级图像处理算法[7]。第三种解决方案是减少下行传输，这需要卫星之间进行在轨协作[8]。在本章的后续内容中，将重点研究卫星之间在轨图像冗余减少的协作，通过长期地震加速滑坡（EAL）监测来实现[9]。

地震运动可能在地震后数年内仍保持活跃状态，因此，常态下的 EAL 监测可能会导致在轨生成冗余重复的遥感图像。然而，只有反映地震运动变化的遥感图像才值得下载并进一步研究。也就是说，只有反映两个相邻场景之间差异的信息需要传输到地面。同时，日常基础的 EAL 监测只能通过遥感卫星星座的协作实现，而相邻场景通常由不同卫星采集。此外，在轨之间两个相邻场景的差异识别需要两个卫星通过星间链路协作。由于每一张 EAL 监测图像的知识产权都属于灾害应急中心（DRC），所以每一张遥感图像都应该在 DRC 和卫星之间保密。公开一个 EAL 监测图像可能会导致遥感信息误读，从而带来负面公众舆论甚至在疑似区域引起混乱[10]。同时，EAL 监测图像可以用于重建相关部门如交通和能源的三维地形图，这可能会泄露区域道路网络和能源供应的信息[11]。此外，每个卫星节点都提供了一个易受攻击的界面，这可能会遭到破解或注入恶意软件。被动植入的卫星可能会监视图像比较和差异识别过程中的消息流，并尽可能多地提取有用信息。因此，协作比较和识别应实现保密性，即该过程只能披露存在差异的部分，而无法恢复真实内容。

当前卫星星座仍在使用过时的安全软件或不愿投资安全组件[12]。同时，空间行业中的现有安全研究主要集中在通过加密和认证来保护卫星通信链路[13]。虽然智能卫星配备了一定的轨道处理单元，但空间电子设备仍受限于有限的在轨电源供应、处理器散热以及有效负载重量/体积。此外，也无法利用地面处理器，因为其极端的温度和严酷的辐射环境。例如，严格的轨道资源不适合直接利用计算密集型不对称密码算法，如 RSA、双线性映射等。因此，设计安全的在轨比较和差异识别机制应仔细评估系统开销。

5.1.2　安全边缘计算

卫星轨道上数据计算的安全性研究目前仍处于起步阶段，相关文献较少，本节对安全边缘计算进行简要调研。边缘计算模式旨在使网络边缘实现数据处理和存储，以满足高移动性和近实时响应的严格要求[14]。轨道协作计算同样面临高移动性和低传播延迟问题，类似移动边缘计算。与此同时，它还受到由轨道轨迹造成的动态拓扑结构以及在空间电子设备和能源供应限制下的轨道处理能力的影响。

像大多数移动网络一样，边缘计算的安全漏洞存在于：①服务器和边缘节点之间的链路；②边缘节点之间的链路；③分布式边缘节点本身[15]。分布式边缘节点容易受到物理和远程网络攻击，如注入恶意代码、硬件木马等。与此同时，多样化、异构和个人所有形式的边缘节点给设备管理带来复杂挑战。因此，无法完全信任这些边缘设备，联合数据处理期间数据项需要得到保护。移动边缘计算广泛研究了安全和保密协议，其最终目标是实现物联网设备收集数据项的安全聚合和完整性验证[16, 17]。安全威胁旨在通过数据中毒和回避破坏学习模型，物联网设备是模型训练的主要数据来源[18, 19]。此外，存在针对边缘节点推断个人信息的攻击，其大量的数据项来自个人拥有的可穿戴设备[20]。目前移动边缘计算安全和隐私保护方案研究着重于数据和模型的保密性和完整性保护。然而，卫星网络由于极为动态的网络拓扑和极为有限的轨道资源，当前移动边缘计算安全增强方案无法满足变化子图像识别使用案例独有的挑战。

5.1.3　安全内积功能加密

功能加密允许授权用户使用密钥 sk_f 获取与消息 m 相关的函数 $f(m)$，实现在加密数据上进行计算且无需交互。作为功能加密的一个种，内积功能加密（inner product functional encryption，IPFE）首先为向量 $\boldsymbol{x} \in \boldsymbol{M}^n$ 生成密文，计算与向量 $\boldsymbol{y} \in \boldsymbol{M}^n$ 相关联的解密密钥 sk_y，解密结果得到内积 $<\boldsymbol{x}, \boldsymbol{y}>$。近年来，IPFE 在不同的安全假设下进行了广泛研究[21, 22]。然而，这些方案依赖于计算复杂的密码技术，无法适应空间电子设备在轨处理能力的限制。

本章所提出的方案利用了有效的矩阵加密方案，用于同态运算涉及打包密文的单指令多数据。Zhu 等[23]设计了一种基于马哈拉诺比斯距离的安全比较方法，利用矩阵加密方案构建了 IPFE。该方案中提出的安全 IPFE 协议的向量都由数据所有者使用对称密钥进行加密，内积结果由外包云计算机计算得到。在本章所提出的方案中，两个向量需要保存在两个独立的卫星中，本章的 MSIP 方案实现了两个卫星之间安全内积计算。

5.2　系统模型、安全需求和设计目标

本节首先介绍系统模型，它将在 EAL 案例下进行说明；其次介绍安全需求；最后通过考虑严苛的电源供给和卫星到地面的传输带宽，进一步确定设计目标。

5.2.1　系统模型

地震后很可能发生山体滑坡，因此部署卫星进行目标区域的持续监测，即使在地震发生多年后也不例外。总体来说，地震引发的山体滑坡受到地形、岩性和植被等各种因素的影响，本系统选择地形因素作为主要的观测因素。为实现疑似地震引发山体滑坡区域的日常监测，利用配备有合成孔径雷达（SAR）的遥感卫星星座执行山体滑坡观测任务[9]。现代卫星链路正面临着由地面站建设限制导致的稀缺和有限的下行传输瓶颈。为避免重复传输，卫星星座可以协作在轨进行不同地形特征集的评估。

由于轨道倾角和姿态控制之间存在差异，同一区域采集的两个遥感图像也会有差异。为了减轻飞行器对图像质量的影响，诸如轨道几何校正[24]和辐射校正[25]等方法被深入研究并应用。基于 SAR 的长波长特性，其他可能影响卫星图像的典型因素，如颜色校正和云检测等，在本系统的使用案例中可能不会产生影响。与此同时，设计了近似地理特征提取方法（如轮廓提取方法[26]），使得在目标区域不存在地形特征变化的情况下，从相邻场景中提取的两张地形特征（给定区域）图像基本相同。由于 EAL 观测是长期过程，两颗卫星采集的相邻场景图像可能只是略有差异，且概率较低；同时，只有地形特征的变化能提供一些有价值的信息。受下行带宽限制，一对相邻卫星应在轨协作执行差异比较，第二颗卫星将包含地形特征变化的子图像传送至地面站。需要注意的是，本节中，子图像代表给定范围内的地形特征集合，所有比较和识别都在子图像中进行。

图 5.1 显示了 Sat_a 和 Sat_b 两个卫星在轨识别的一个例子。在阶段 1，Sat_a

和 Sat_b 先后飞越监测目标上方；在阶段 2，Sat_b 请求 Sat_a 执行在轨差异比较；在阶段 3，Sat_a 先将整幅图像传送给 GS，随后 Sat_b 将阶段 2 识别出的差异发送给 GS。

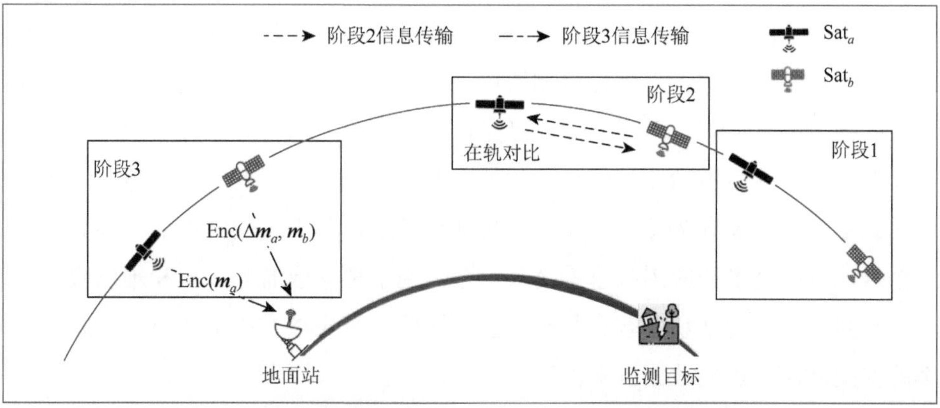

图 5.1　两颗卫星在轨差异比较

卫星观测系统：假设一群遥感卫星星座定期环绕目标地震区域，每天使用SAR获取遥感图像。在本节的系统模型中，一对卫星 Sat_a 和 Sat_b，它们顺序飞越目标地震区域。同时，假设这些卫星具有足够的计算能力进行几何校正和辐射校正，以及粗糙地提取地形特征的能力。由于卫星覆盖面积大（例如，使用中国高分三号卫星的 SAR 图像最大覆盖面积可达 650km^2），而地质灾害只影响有限区域，每颗卫星首先将大型卫星图像包含的地形特征集分解为 n 个子集（对应 n 个子图像），便于比较。为减小下行传输规模，每对邻近场景的卫星将在轨协作执行差异比较，识别包含变化地形特征集的子图像，随后的卫星将识别出的不同子图像传送到地面站。

地面站（GS）：地面站 GS 作为卫星的地面中继，即卫星与 DRC 之间的网关。在我们的系统中，GS 接收卫星生成的数据，并将接收的数据转发给 DRC 进一步处理。

通信模型：假设这对卫星属于类似 PlanetScope^{TM} 的遥感卫星星座，每天至少对目标地质灾害区域进行一次观测。同时，假设这对卫星通过光学或微波无线一跳/多跳的星间链路进行通信。此外，卫星到地面传输通过微波无线链路实现。

5.2.2　安全需求

在安全模型中，假设 GS 可以完全信任。由于 GS 仅作为卫星与 DRC 之间的网关，数据泄露不会给 GS 带来直接或间接利益，但会损害其声誉。同时，假设卫星是诚实但好奇的。卫星将遵循协议，但可能对来自邻近卫星的数据感兴趣。即使这些卫星属于同一运营商，也可能存在一个敌手 A，它通过软件注入方式渗透某颗卫星，然后被动监视流量。此外，假设系统中的任何两个实体之间不存在勾结。由于 GS 旨在为卫星星座提供地面传输点，与卫星勾结可能损害其声誉。每个低轨卫星是多个应用共享的公共平台，用于覆盖或监测远地和难以服务的区域。与其他卫星勾结获取客户数据也会给运营商带来声誉损害风险。因此，本方案的安全目标是实现数据机密性。

机密性。第一，每颗卫星应保留自己获取的遥感图像。第二，在在轨差异比较和识别过程中，邻近卫星只能了解哪个子图像的维度有差异，但无法恢复其内容。

5.2.3　设计目标

在上述模型和安全需求下，本节旨在提出一种安全轻量化的在轨子图像差异识别方案，用于两颗卫星监测地质灾害的场景。具体来说，本方案应实现以下设计目标。

所提出的方案应满足安全需求。如果不考虑机密性，子图像向量 $\boldsymbol{m}_a=(m_{a,1},m_{a,2},\cdots,m_{a,d})$ 和 $\boldsymbol{m}_b==(m_{b,1},m_{b,2},\cdots,m_{b,d})$ 在传输过程中可能会泄露。由于遥感场景的知识产权属于 DRC，将图像内容泄露给敌手 A 可能会降低从场景中提取的价值。同时，由于 $\boldsymbol{m}_a$ 和 $\boldsymbol{m}_b$ 可能反映地质灾害状态，泄露会引起不必要的社会舆论混乱。从卫星角度看，每颗卫星只应了解自己的遥感图像，并与邻近卫星交流哪个子图像维度有差异。

所提出的方案应具有高效性。由于卫星到地面传输带宽有限，两颗邻近卫星通过星间链路进行协作识别差异，随后的卫星仅将不同子图像传送给 GS。考虑到轨道上电力供应有限，安全识别子图像差异应尽可能减少计算复杂度。

5.3 基于卫星边缘计算的安全在轨差异识别方案

本节首先介绍一种名为 MSIP 的方案，以及基于此方案构建的 DCTree 结构；其次介绍两颗卫星之间进行不同子图像识别的安全方案 SODI。

5.3.1 MSIP 方案

MSIP 方案源于 2.1.2 节介绍的 SME 算法。SME 实现了使用外包云进行 k 均值聚类，其中 $\boldsymbol{u}$ 和 $\boldsymbol{v}$ 都由数据所有者使用密钥矩阵 $\boldsymbol{M}$ 加密，外包云使用公钥 Γ 恢复计算结果。但本方案目的是实现两方之间的内积计算，且只有一方可以恢复内积。为实现安全内积计算，对 SME 作了修改：一方持有密钥矩阵 $\boldsymbol{M}$；另一方持有 $\theta \cdot \boldsymbol{M}^{-1}$，$\theta$ 为随机数。给定向量 $\boldsymbol{x} \in \mathbf{Z}_p^n$ 和 $\boldsymbol{\alpha} \in \mathbf{Z}_p^n$，MSIP 可以安全计算内积 $\langle \boldsymbol{x}, \boldsymbol{\alpha} \rangle = \sum_{i=1}^{n} x_i \cdot \alpha_i$，具体定义为 ΠMSIP =（MSIP.KeyGen，MSIP.Enc，MSIP.Compute，MSIP.Eval）。需要注意的是，MSIP 采用了 SME 算法[27]，SME 的安全性依赖于学习带误差（learning with error，LWE）问题的难度。

MSIP.KeyGen（n）：该算法随机选取不对称可逆矩阵 $\boldsymbol{M} \in \mathbf{Z}_q^{n \times n}$，计算其逆矩阵 $\boldsymbol{M}^{-1}$，并派生密钥 sk = $\boldsymbol{M}$。与此同时，生成一个随机数 $\theta \in \mathbf{Z}_q$ 并生成委托密钥 $\hat{\mathrm{sk}} = \theta \cdot \boldsymbol{M}^{-1} \in \mathbf{Z}_q^{n \times n}$，此外，它将一个随机的 $\Gamma \in \mathbf{Z}_q (\Gamma \ll q)$ 标识为系统公钥 pk = Γ。

MSIP.Enc($\boldsymbol{x}$, sk, pk)：这个算法加密一个向量 $\boldsymbol{x} \in \mathbf{Z}_p$，$p \ll q$，

$$\begin{cases} \boldsymbol{c}_1 = (\Gamma \cdot (r_1 \cdot \boldsymbol{x} + \boldsymbol{t}) + \boldsymbol{e}_1) \times (s_1 \times \boldsymbol{M}) \\ \boldsymbol{c}_2 = (\Gamma \cdot (r_2 \cdot \boldsymbol{t}) + \boldsymbol{e}_2) \times (s_2 \times \boldsymbol{M}) \end{cases} \tag{5.1}$$

其中，随机选择 r_1、$r_2 \in \mathbf{Z}_p, s_1$、$s_2 \in \mathbf{Z}_q, \boldsymbol{t} \in \mathbf{Z}_p$。同时，$\boldsymbol{e}_1$、$\boldsymbol{e}_2 \in \mathbf{Z}_q^n$ 都是随机向量，且满足 $2 \cdot |\max(\boldsymbol{e}_i)| \ll \Gamma, i \in \{1, 2\}$。

MSIP.Compute($(\boldsymbol{c}_1, \boldsymbol{c}_2), \boldsymbol{\alpha}, \hat{\mathrm{sk}}, \mathrm{pk}$) 算法输入向量 $\boldsymbol{\alpha}$，生成密文对

$$\begin{cases} d_1 = s_1\theta \cdot (r_1\Gamma \cdot \boldsymbol{x} + \Gamma \cdot \boldsymbol{t} + \boldsymbol{e}_1) \times (\Gamma \cdot \boldsymbol{\alpha}^{\mathrm{T}} + \boldsymbol{e}_3^{\mathrm{T}}) \\ d_2 = s_2\theta \cdot (r_2\Gamma \cdot \boldsymbol{t} + \boldsymbol{e}_2) \times (\Gamma \cdot \boldsymbol{\alpha}^{\mathrm{T}} + \boldsymbol{e}_4^{\mathrm{T}}) \end{cases} \tag{5.2}$$

其中，$\boldsymbol{e}_3$、$\boldsymbol{e}_4 \in \mathbf{Z}_q^n$ 都是随机向量，且满足 $2 \cdot |\max(\boldsymbol{e}_i)| \ll \Gamma, i \in \{3, 4\}$。

MSIP.Eval$((d_1, d_2), \theta, (s_1, s_2), (r_1, r_2))$：给定一对密文 (d_1, d_2) 和密钥(s, s_1, s_2, r_1, r_2)，恢复计算结果：

$$\begin{cases} a_1 = \left[\dfrac{d_1 \cdot (s_1\theta)^{-1}}{\Gamma^2}\right] q = (r_1 \cdot \boldsymbol{x} + \boldsymbol{t}) \times \boldsymbol{\alpha}^{\mathrm{T}} \\ a_2 = \left[\dfrac{d_2 \cdot (s_2\theta)^{-1}}{\Gamma^2}\right] q = (r_1 \cdot \boldsymbol{t}) \times \boldsymbol{\alpha}^{\mathrm{T}} \end{cases} \tag{5.3}$$

最后计算结果：$\boldsymbol{x} \cdot \boldsymbol{\alpha}^{\mathrm{T}} = \dfrac{a_1 - a_2 / r_2}{r_1}$。

5.3.2 DCTree 结构

DCTree 的目标是在以下两个场景中，实现两个向量 $\boldsymbol{x} = (x_1, x_2, \cdots, x_d)$ 和 $\boldsymbol{y} = (y_1, y_2, \cdots, y_d)$ 之间的安全比较。在第一个场景中，给定 $x_i \neq y_i, i \in \{1, 2, \cdots, d\}$，目标是保证 $x_j = y_j, j \neq i$。而在第二个场景中，给定 $\boldsymbol{x} \neq \boldsymbol{y}$，目标是找到 $i \in \{1, 2, \cdots, d\}$，使得 $x_i \neq y_i$。给定哈希函数 $H(\cdot)$ 和包含 d 个元素的向量 $\boldsymbol{x} = (x_1, x_2, \cdots, x_d)$，使用以下过程构造与向量 $\boldsymbol{x}$ 对应的 DCTree，正式定义为 ΠDCTree = (DCTree.Construct，DCTree.Query)。

DCTree.Construct（$\boldsymbol{x}$）：给定输入向量 $\boldsymbol{x} = (x_1, x_2, \cdots, x_d)$，算法首先生成向量 $\boldsymbol{y} = (y_1, y_2, \cdots, y_d)$，其中 $e = 2^{[\log_2 d]+1} - 1$。具体来说，每个节点 $y_l \in \boldsymbol{y}$ 通过 $y_l = H(x_{v_1:v_2})$ 来得到，其中 $l = 2^i + j$，$v_1 = \min\left\{ j \times \left[\dfrac{d}{2^i}\right] + 1, d \right\}$，$v_2 = \min\left\{ (j+1) \times \left[\dfrac{d}{2^i}\right], d \right\}$，$i \in \left[0, [\log_2 d]\right]$ 且 $j \in \left[0, \min(d-1, 2^i - 1)\right]$。图 5.2 显示了一个包含 8 个节点（$d = 8$）的哈希树，其中 $l = 2^i + j$，$i \in [0, 3]$ 且 $j \in [0, \min(7, 2^i - 1)]$。

DCTree.Query（$\boldsymbol{x}$，$\boldsymbol{s}$）查询过程包含两个案例。对于案例 1，目标是保证 $\boldsymbol{x} = \boldsymbol{s}$。它分别用 $\boldsymbol{x}$ 和 $\boldsymbol{s}$ 构建两个树，同时输出 $s_1 = x_1$ 的等值测试结果。对于案例 2，给定两个维度相同的向量 $\boldsymbol{x}$ 和 $\boldsymbol{s}$。DCTree.Query 的目标是输出每一层哈希树另一半节点的节点。如图 5.2 所示，当 $x_3 \neq s_3$ 时，等值测试候选节点集合为（y_3，y_4，y_{11}）。

5.3.3 SODI 方案

本节展示所提出的 SODI 方案的详细过程，它包含 4 个阶段：系统初始化、粗粒度比较、细粒度识别和基于 DCTree 的识别。

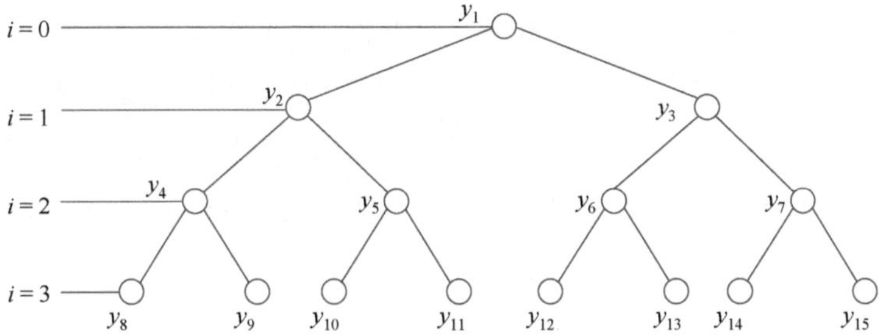

图 5.2　向量 $\boldsymbol{x}$ 相关的哈希树节点

1. 系统初始化

在系统初始化阶段，假设存在一个可信第三方（TA）来启动整个卫星编队。TA 首先选择两个素数模块 p 和 q，即 $q \gg p$。然后 TA 使用 2.2.2 节定义的步骤初始化一个布谷鸟过滤器。同时，TA 选择两个哈希函数 $H(\cdot):\{0,1\}^* \to \mathbf{Z}_p$ 和 $H_1(\cdot):\{0,1\}^* \to \mathbf{Z}_q$。

对于每个卫星 Sat_i，TA 选择一个对称的可逆矩阵 $\mathrm{sk}_i = \boldsymbol{M}_i \in \mathbf{Z}_q^{n\times n}$ 作为密钥。同时，TA 选择一个随机数 $\mathrm{pk}_i = \Gamma_i \in \mathbf{Z}_q(\Gamma_i \ll q)$ 作为公钥。此外，TA 将公钥对（sk_i，pk_i）安全地传送给 Sat_i。TA 在 GS 和 Sat_i 之间共享一个对称会话密钥 $k_i = \hat{\boldsymbol{M}}_i \in \mathbf{Z}_q^{n\times n}$，用于遥感图像传输。

对于卫星编队中的任何一对卫星 Sat_i 和 Sat_j，TA 在初始化期间，在它们之间共享一个对称会话密钥 $s_{i,j}$。给定 Sat_i 的密钥 sk_i，TA 还执行以下步骤。

（1）选择一个随机数 $\theta_{i,j} \in \mathbf{Z}_q$ 并将 $\theta_{i,j}$ 发送给 Sat_i。

（2）计算密钥 $\mathrm{sk}_{i,j} = \theta_{i,j} \cdot \boldsymbol{M}_i^{-1} \in \mathbf{Z}_q^{n\times n}$。

（3）将 $\mathrm{sk}_{i,j}$ 安全地传送给 Sat_j。

此外，TA 还对 Sat_j 的密钥 sk_j 执行完全相同的过程。

2. 粗粒度比较

当 Sat_a 和 Sat_b 在目标区域上空进行 EAL 监测时，它们使用机载仪器收集相邻遥感场景。为便于比较，每个卫星将一个大场景划分为一系列 d 维子图像（每个子图像包含一组定量地理特征），即 $\boldsymbol{m}_a = (m_{a,1}, m_{a,2}, \cdots, m_{a,d})$ 和 $\boldsymbol{m}_b = (m_{b,1}, m_{b,2}, \cdots, m_{b,d})$。为进行粗粒度子图像比较，$\mathrm{Sat}_a$ 首先生成一个向量 $\boldsymbol{x}_a = (x_{a,1}, x_{a,2}, \cdots, x_{a,d})$，其中 $x_{a,i} = H\left(m_{a,i} \| s_{a,b}\right)$，$i \in [1, d]$ 且 $s_{a,b}$ 是 TA 在 Sat_a 和 Sat_b 之间共享的对称会话

密钥。然后 Sat_a 将 $\boldsymbol{x}_a$ 中的项插入布谷鸟过滤器 CF_a 。对于每个项 $x_{a,i}$， $i\in[1,d]$， Sat_a 选择一个 n 维随机向量 $\boldsymbol{\alpha}_i=(\alpha_{i,1},\cdots,\alpha_{i,n})\in\mathbf{Z}_p^n$ 。同时，Sat_a 计算一个结构化项向量 $\boldsymbol{z}_a=(z_{a,1},z_{a,2},\cdots,z_{a,d})$，其中 $z_{a,i}=\sum_{j=1}^{n}\alpha_{i,j}\cdot H\left(x_{a,i}\parallel j\right)$，$i\in[1,d]$，并将 $\boldsymbol{z}_a$ 中的项插入布谷鸟过滤器 CF_a 。最后，Sat_a 制定并发送消息 $\mathrm{msg}_1=\mathrm{CF}_a$ 给 Sat_b，如图 5.3 所示。

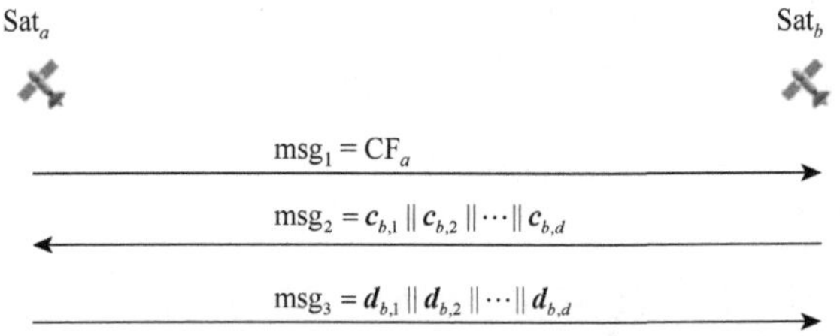

图 5.3　查询生成期间的消息流

收到 msg_1 后，Sat_b 生成一个向量 $\boldsymbol{x}_b=(x_{b,1},x_{b,2},\cdots,x_{b,d})$，其中包含一系列子图像 m_b，这些子图像是通过 $x_{b,i}=H\left(m_{b,i}\parallel s_{a,b}\right)$, $i\in\left[1,d\right]$ 生成的。对于每个项目 $x_{b,i}$， $i\in\left[1,d\right]$， Sat_b 计算一个向量 $\boldsymbol{u}_{b,i}=\left(H\left(x_{b,i}\parallel 1\right),H\left(x_{b,i}\parallel 2\right),\cdots,H\left(x_{b,i}\parallel n\right)\right)\in\mathbf{Z}_p^n$，并通过运行 MSIP.Enc($\boldsymbol{u}_{b,i}$, sk_b, pk_b) 生成密文对 $\boldsymbol{c}_{b,i}=\left(\boldsymbol{c}_{b,i,1},\boldsymbol{c}_{b,i,2}\right)$，公式如（5.4）所示。

$$\begin{cases}\boldsymbol{c}_{b,i,1}=s_{i,1}\cdot(\Gamma_b\cdot(r_{i,1}\cdot\boldsymbol{u}_{b,i}+\boldsymbol{t}_i)+\boldsymbol{e}_{i,1})\times M_b\\ \boldsymbol{c}_{b,i,2}=s_{i,2}\cdot(\Gamma_b\cdot(r_{i,1}\cdot\boldsymbol{t}_i)+\boldsymbol{e}_{i,2})\times M_b\end{cases}\tag{5.4}$$

除此之外，Sat_b 构建消息 $\mathrm{msg}_2=\boldsymbol{c}_{b,1}\parallel\boldsymbol{c}_{b,2}\parallel\cdots\parallel\boldsymbol{c}_{b,d}$，并将 msg_2 发送给 Sat_a，如图 5.3 所示。

收到 msg_2 后，Sat_a 对每个密文 $\boldsymbol{d}_{b,i}=(d_{b,i,1},d_{b,i,2}),i\in[1,d]$ 运行 MSIP.Compute($\boldsymbol{c}_{b,i}$, $\boldsymbol{\alpha}_i$, $\mathrm{sk}_{b,a}$, pk_b)，按照公式（5.2）中的步骤进行处理，其中 $\boldsymbol{\alpha}_i$ 是 Sat_a 选择的随机向量。同时，Sat_a 构建另一条消息 $\mathrm{msg}_3=\boldsymbol{d}_{b,1}\parallel\boldsymbol{d}_{b,2}\parallel\cdots\parallel\boldsymbol{d}_{b,d}$，并将 msg_3 发送给 Sat_b，如图 5.3 所示。收到 msg_3 后，Sat_b 对每个密文 $\boldsymbol{d}_{b,i}$ 运行 MSIP.Eval($\boldsymbol{d}_{b,i}$, $\theta_{a,b}$, $(s_{i,1}$, $s_{i,2})$, $(r_{i,1}$, $r_{i,2})$)进行解密，从而得到对应的结构化项 $z_{b,i}=\sum_{j=1}^{n}\alpha_{i,j}\cdot H\left(x_{b,i}\parallel j\right)$，$i\in[1,d]$ 。最后，Sat_b 将每个项 $z_{b,i}$，$i\in[1,d]$ 与布谷鸟过滤器 CF_a 进行匹配。

3. 细粒度识别

如果 Sat_b 发现 $\boldsymbol{z}_b=(z_{b,1},z_{b,2},\cdots,z_{b,d})$ 中的所有项都属于 CF_a，那么 Sat_b 执行图 5.4 案例 1 的步骤；否则，Sat_b 执行图 5.5 案例 2 的步骤。

案例 1。在此情况下，Sat_b 的目标是保证 $\boldsymbol{z}_b = \boldsymbol{z}_a$，因为布谷鸟过滤器可能会出现误判概率，它执行以下步骤。

Sat_b 运行 $\text{DCTree.Construct}(\boldsymbol{z}_b)$ 构建一个哈希树，并为对应的根节点 $y_{b,1}$ 生成密文 $\boldsymbol{e}_{b,1} = \text{MSIP.Enc}(\boldsymbol{v}_{b,1}, \text{sk}_b, \text{pk}_b)$，其中 $\boldsymbol{v}_{b,1} = (H(y_{b,1} \| 1), \cdots, H(y_{b,1} \| n)) \in \mathbf{Z}_p^n$。同时，$\text{Sat}_b$ 构建消息 $\text{msg}_4 = \boldsymbol{e}_{b,1}$，并发送给 Sat_a，如图 5.4 所示。

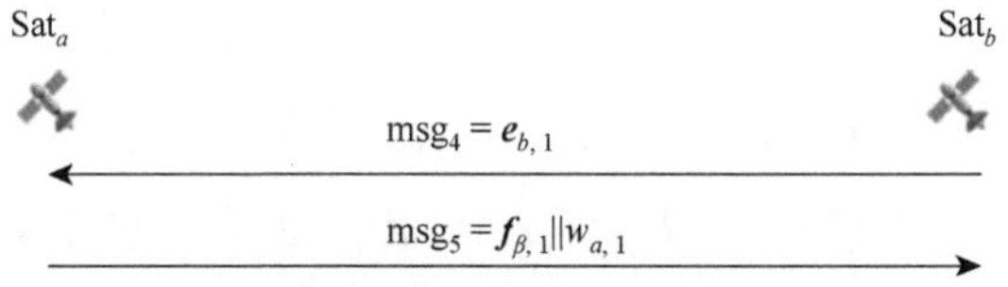

图 5.4　案例 1 期间的消息流

收到 msg_4 后，Sat_a 首先运行 $\text{DCTree.Construct}(\boldsymbol{z}_a)$ 构建一个哈希树。同时，Sat_a 选择一个随机向量 $\boldsymbol{\beta} \in \mathbf{Z}_p^n$，为得到的根节点 $y_{a,1}$ 生成向量 $\boldsymbol{v}_{a,1} = (H(y_{a,1} \| 1), \cdots, H(y_{a,1} \| n)) \in \mathbf{Z}_p^n$，并计算密文 $\boldsymbol{f}_{\beta,1} = \text{MSIP.Compute}(\boldsymbol{e}_{b,1}, \boldsymbol{\beta}, \text{sk}_{b,a}, \text{pk}_b)$。其次，$\text{Sat}_a$ 计算 $w_{a,1} = H_1(\boldsymbol{v}_{a,1} \cdot \boldsymbol{\beta}^{\mathrm{T}}) \oplus H_1(s_{a,b})$。最后，$\text{Sat}_a$ 构建消息 $\text{msg}_5 = \boldsymbol{f}_{\beta,1} \| w_{a,1}$ 并发给 Sat_b。

收到 msg_5 后，Sat_b 对 $\boldsymbol{v}_{b,1} \cdot \boldsymbol{\beta}^{\mathrm{T}}$ 进行解密；同时，Sat_b 计算 $w_{b,1} = H_1(\boldsymbol{v}_{b,1} \cdot \boldsymbol{\beta}^{\mathrm{T}}) \oplus H_1(s_{a,b}) = H_1\left(\sum_{i=1}^{n} H\left(z_{a,1} \| i\right) \cdot \beta_i\right) \oplus H_1(s_{a,b})$，并验证 $w_{a,1}$ 是否等于 $w_{b,1}$。如果 $w_{a,1} = w_{b,1}$，Sat_b 验证 $\boldsymbol{z}_a$ 和 $\boldsymbol{z}_b$ 是否相同；否则，Sat_b 执行基于 DCTree 的识别，来识别不同数据维度的流程。

案例 2。在这种情况下，Sat_b 的目标是保证除了识别的变化节点外，其余节点都是相同的。如果存在 $z_{b,h} \neq z_{a,h} (h \in [1,d])$ 的项且没有误判概率，则节点 $y_{b,h}$ 不属于 CF_a。因此，Sat_b 应保证哈希树中的所有剩余节点与 Sat_a 的相同。具体来说，Sat_b 为查询响应生成执行以下过程。

Sat_b 选择哈希树中的必要节点，通过运行 $\text{DCTree.Query}(\boldsymbol{y}_a, \boldsymbol{y}_b)$ 重构剩余节点，表示为 $\boldsymbol{y}_b^h = \left(y_{b,1}^h, y_{b,2}^h, \cdots, y_{b,t}^h\right)$ 且深度为 $t = \lceil \log_2 d \rceil$。同时，$\text{Sat}_b$ 为 $\boldsymbol{v}_{b,j} = (H(y_{b,j}^h \| 1), \cdots, H(y_{b,j}^h \| n)) \in \mathbf{Z}_p^n$ 生成加密文本 $\boldsymbol{e}_{b,j}^h = \text{MSIP.Enc}(\boldsymbol{v}_{b,j}, \text{sk}_b, \text{pk}_b)$，其中 $j \in [1, t]$。此外，Sat_b 使用 $s_{a,b}$ 对每个节点的索引进行加密，表示为 $I_{b,h} = (\text{index}_{b,1}^h \| \cdots \| \text{index}_{b,t}^h) \oplus H_1(s_{a,b})$。$\text{Sat}_b$ 制作消息 $\text{msg}_6 = \boldsymbol{e}_{b,1}^h \| \cdots \| \boldsymbol{e}_{b,t}^h \| I_{b,h}$，并发送给 Sat_a，如图 5.5 所示。

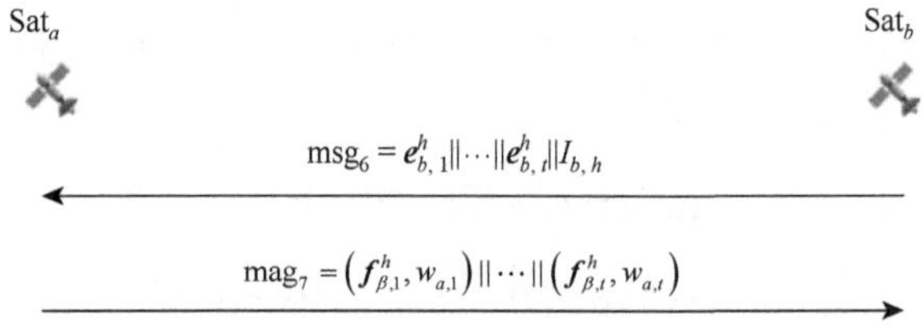

图 5.5　案例 2 期间的消息流

收到 msg_6 后，Sat_a 首先使用 $s_{a,b}$ 对索引 $I_{b,h}$ 解密获得对应的节点 $\boldsymbol{y}_a^h=(y_{a,1}^h, y_{a,2}^h,\cdots, y_{a,t}^h)$。同时，$\text{Sat}_a$ 对每个 $y_{a,j}^h, j\in[1,t]$ 处理，得到 $\boldsymbol{v}_{a,j}=(H(y_{a,j}^h\|1), H(y_{a,j}^h\|2),\cdots, H(y_{a,j}^h\|n))\in\mathbf{Z}_p^n$。此外，它计算 $w_{a,j}=H_1(\boldsymbol{v}_{a,j}\cdot\boldsymbol{\beta}^{\mathrm{T}})\oplus H_1(s_{a,b}\|j)=H_1\left(\sum_{i=1}^{n}H\left(y_{a,j}^h\|i\right)\cdot\beta_i\right)\oplus H_1(s_{a,b}\|j), j\in[1,t]$。其次，$\text{Sat}_a$ 运行 $\text{MSIP.Compute}(\boldsymbol{c}_{b,j}^h,\boldsymbol{\beta},\text{pk}_b)$ 得到密文 $\boldsymbol{f}_{\beta,j}^h, j\in[1,t]$。最后，$\text{Sat}_a$ 制作消息 $\text{msg}_7=(\boldsymbol{f}_{\beta,1}^h,w_{a,1})\|\cdots\|(\boldsymbol{f}_{\beta,t}^h,w_{a,t})$ 发送给 Sat_b。

收到 msg_7 后，Sat_b 对 $\boldsymbol{f}_{\beta,j}^h, j\in[1,t]$ 解密获得结构值 $w_{b,j}=H_1(\boldsymbol{v}_{b,j}\cdot\boldsymbol{\beta}^{\mathrm{T}})\oplus H_1\left(s_{a,b}\|j\right)=H_1\left(\sum_{i=1}^{n}H\left(y_{b,j}^h\|i\right)\cdot\beta_i\right)\oplus H_1\left(s_{a,b}\|j\right)$。同时，$\text{Sat}_b$ 验证 $w_{a,j}$ 是否等于 $w_{b,j}$。如果 $w_{a,j}=w_{b,j}, j\in[1,t]$，$\text{Sat}_b$ 验证 $\boldsymbol{z}_a$ 和 $\boldsymbol{z}_b$ 除 $z_{b,h}$ 外相同；否则，Sat_b 执行基于 DCTree 的识别，进行进一步识别。

差异识别过程之后，如果 Sat_a 和 Sat_b 判断两张图像是相同的，Sat_b 不会发送任何内容给 GS。如果 Sat_b 识别出是不同的子图像，它会使用与 GS 共享的对称会话密钥 k_b 对子图像进行加密，并用安全的方式将密文发送给 GS。

4. 基于 DCTree 的识别

为识别 DCTree 根节点下一个变化的叶节点，Sat_a 和 Sat_b 可以重复在哈希树上从根节点向下层执行细粒度识别（案例 1）定义的步骤，直到识别出子图像的不同维度。对于案例 1，识别过程从根节点向下层执行。对于案例 2，识别过程仅从不同的内部节点向下层数据维度执行。

5.4　安全性分析

本节主要分析提出的在轨变化子图像识别方案的安全属性。本节首先展示

MSIP 方案的安全属性，这是提出的安全在轨识别方案的基础；其次分析提出的方案在细粒度和粗粒度子图像比较阶段的安全属性。

5.4.1　MSIP 方案的安全性

MSIP 方案用于对密文进行安全内积计算，且只允许一方恢复结果。本节首先证明 MSIP 方案在真实/理想模型的安全模型下是选择性安全的[28]。也就是说，真实模型是本节方案，理想模型是一个理想函数带有一些泄露的公开信息，用泄露函数描述。

泄露信息 L。假设 $\boldsymbol{c}=\{\boldsymbol{c}_1,\boldsymbol{c}_2\}$ 是 n 维向量 $\boldsymbol{x}$ 的密文对，$\boldsymbol{d}$ 是 $\boldsymbol{x}\cdot\boldsymbol{\alpha}^{\mathrm{T}}$ 的密文对，表示为 $\boldsymbol{d}=\{d_1,d_2\}$，那么 MSIP 方案泄露输入向量 $\boldsymbol{x}$ 和内积结果 $\boldsymbol{x}\cdot\boldsymbol{\alpha}^{\mathrm{T}}$。根据泄露信息 L，运行理想实验如下。

理想实验。理想实验包含两个参与者：一个概率多项式时间敌手 A 和一个带有泄露信息 L 的模拟器。他们交互如下。

设置。A 选择 p_1 个 n 维向量 $\{\boldsymbol{x}_i\}_{i=1}^{p_i}$ 传给模拟器。接收向量后，模拟器随机选择 p_1 个 $2n$ 维向量 $\{\boldsymbol{c}'_{i,1},\boldsymbol{c}'_{i,2}\}_{i=1}^{p_1}$ 作为 $\{\boldsymbol{x}_i\}_{i=1}^{p_1}$ 的密文。

密钥生成阶段 1。A 选择 p_2 个内积 $\{\boldsymbol{x}_i\cdot\boldsymbol{\alpha}_i^{\mathrm{T}}\}_{i=1}^{p_2}$ 发送给模拟器。接收 $\{\boldsymbol{x}_i\cdot\boldsymbol{\alpha}_i^{\mathrm{T}}\}_{i=1}^{p_2}$ 后，模拟器使用泄露信息 L 和密文 $\{\boldsymbol{c}'_{i,1},\boldsymbol{c}'_{i,2}\}_{i=1}^{p_1}$ 构造 $\{\boldsymbol{x}_i\cdot\boldsymbol{\alpha}_i^{\mathrm{T}}\}_{i=1}^{p_1}$ 的密文并返回 A 。同时表示这些密文为 $\{d'_{i,1},d'_{i,2}\}_{i=1}^{p_1}$。对于每个内积 $\{\boldsymbol{x}_i\cdot\boldsymbol{\alpha}_i^{\mathrm{T}}\}$，$i\in[1,p_1]$，模拟器为内积生成对应的密文 $\{d'_{i,1},d'_{i,2}\}$，$i\in[1,p_1]$，如下所示。

步骤 1. 模拟器生成两个随机向量 $\boldsymbol{v}_{i,1}$，$\boldsymbol{v}_{i,2}\in\mathbf{Z}_q^n$，$i\in[1,p_1]$，长度为 p_1，其中 $\boldsymbol{v}_{i,1}$（或 $\boldsymbol{v}_{i,2}$）中的每个元素 $r_{i,1,j}$（或 $r_{i,2,j}$）$\in\mathbf{Z}_q$ 是一个随机数，满足泄露信息 L。给定一个随机阈值 $t\in\mathbf{Z}_p$：

$$\begin{cases} r_{i,1,j},r_{i,2,j}\in[q/2,q],\text{如果}\dfrac{\boldsymbol{x}_j\cdot\boldsymbol{\alpha}_j^{\mathrm{T}}\bmod p}{\boldsymbol{x}_j\cdot\mathbf{1}^{\mathrm{T}}\bmod p}>t \\ r_{i,1,j},r_{i,2,j}\in[0,q/2],\text{其他} \end{cases} \tag{5.5}$$

步骤 2. 每个密文 $\{d'_{i,1},d'_{i,2}\}$，$i\in[1,p_1]$ 都生成为

$$\begin{cases} d'_{i,1}=\boldsymbol{v}_{i,1}\times\left[c'_{1,1},c'_{2,1},\cdots,c'_{p_1,1}\right]^{\mathrm{T}}\times\mathbf{1}_{n\times1} \\ d'_{i,2}=\boldsymbol{v}_{i,2}\times\left[c'_{1,2},c'_{2,2},\cdots,c'_{p_1,2}\right]^{\mathrm{T}}\times\mathbf{1}_{n\times1} \end{cases} \tag{5.6}$$

挑战阶段。在挑战阶段，模拟器将密文$\{\boldsymbol{c}'_{i,1},\boldsymbol{c}'_{i,2}\}_{i=1}^{p_1}$发送给 A。

密钥生成阶段 2。在这个阶段，A 继续生成 p_2-p_1 个内积$\{\boldsymbol{x}_i\cdot\boldsymbol{\alpha}_i^{\mathrm{T}}\}_{i=p_1+1}^{p_2}$，并将它们发送给模拟器。在接收$\{\boldsymbol{x}_i\cdot\boldsymbol{\alpha}_i^{\mathrm{T}}\}_{i=p_1+1}^{p_2}$后，模拟器采取相同的步骤获得密文$\{d'_{i,1},d'_{i,2}\}_{i=p_1+1}^{p_2}$并将它们发送给 A。

由于真实实验是提出的 MSIP 方案，A 在真实实验中的视图为$\mathrm{View}_{\mathrm{A,Real}}=\left\{\{\boldsymbol{c}_{i,1},\boldsymbol{c}_{i,2}\}_{i=1}^{p_1},\{d_{i,1},d_{i,2}\}_{i=1}^{p_2}\right\}$。而在理想实验中，A 的视图为$\mathrm{View}_{\mathrm{A,Ideal}}=\left\{\{\boldsymbol{c}'_{i,1},\boldsymbol{c}'_{i,2}\}_{i=1}^{p_1},\{d'_{i,1},d'_{i,2}\}_{i=1}^{p_2}\right\}$。根据 A 的视图，定义 MSIP 的安全性。

定义 1：MSIP 方案的安全性。如果在任何概率多项式时间敌手 A 发出多项式数量的向量和内积时，存在一个模拟器，使得 A 可以将真实实验和理想实验视图区分的优势忽略不计，那么 MSIP 方案对选择性安全泄露信息 L 是安全的。也就是说，$|\Pr[\mathrm{View}_{\mathrm{A,Real}}=1]-\Pr[\mathrm{View}_{\mathrm{A,Ideal}}=1]|$是可忽略的。

定理 1：MSIP 方案与泄露信息 L 是选择性安全的。

证明。根据定义 1，如果 A 无法区分视图$\mathrm{View}_{\mathrm{A,Real}}=\left\{\{\boldsymbol{c}_{i,1},\boldsymbol{c}_{i,2}\}_{i=1}^{p_1},\{d_{i,1},d_{i,2}\}_{i=1}^{p_2}\right\}$和视图$\mathrm{View}_{\mathrm{A,Ideal}}=\left\{\{\boldsymbol{c}'_{i,1},\boldsymbol{c}'_{i,2}\}_{i=1}^{p_1},\{d'_{i,1},d'_{i,2}\}_{i=1}^{p_2}\right\}$，那么 MSIP 与 L 是选择性安全的。为了证明不可区分性，考虑三种情况：①$\{\boldsymbol{c}_{i,1},\boldsymbol{c}_{i,2}\}_{i=1}^{p_1}$与$\{\boldsymbol{c}'_{i,1},\boldsymbol{c}'_{i,2}\}_{i=1}^{p_1}$无法区分；②$\{d_{i,1},d_{i,2}\}_{i=1}^{p_2}$与$\{d'_{i,1},d'_{i,2}\}_{i=1}^{p_2}$无法区分；③由$\{\boldsymbol{c}_{i,1},\boldsymbol{c}_{i,2}\}_{i=1}^{p_2}$和 $\mathrm{sk}_{b,a}$ 计算得到的中间结果与随机向量无法区分。

$\{\boldsymbol{c}_{i,1},\boldsymbol{c}_{i,2}\}_{i=1}^{p_1}$与$\{\boldsymbol{c}'_{i,1},\boldsymbol{c}'_{i,2}\}_{i=1}^{p_1}$无法区分。在真实实验中，密文对是通过 MSIP 方案生成的：$\boldsymbol{c}_{x,1}=\mathrm{MSIP.Enc}(\boldsymbol{x},\mathrm{sk},\mathrm{pk})=(\Gamma\cdot(\boldsymbol{r}_1\cdot\boldsymbol{x}+\boldsymbol{t})+\boldsymbol{e}_1)\times(\boldsymbol{s}_1\cdot\boldsymbol{M})$，$\boldsymbol{c}_{x,2}=(\Gamma\cdot(\boldsymbol{r}_2\cdot\boldsymbol{t})+\boldsymbol{e}_2)\times(\boldsymbol{s}_2\cdot\boldsymbol{M})$。该方案可以证明在 LWE 问题下具有语义安全性。由于$\boldsymbol{e}_1$、$\boldsymbol{e}_2$是随机向量，$\boldsymbol{r}_1$、$\boldsymbol{r}_2$、$\boldsymbol{s}_1$、$\boldsymbol{s}_2$和$\boldsymbol{M}$对 A 来说是随机矩阵，因此$\{\boldsymbol{c}_{i,1},\boldsymbol{c}_{i,2}\}_{i=1}^{p_1}$看起来也是随机向量。由于$\{\boldsymbol{c}'_{i,1},\boldsymbol{c}'_{i,2}\}_{i=1}^{p_1}$本身就是随机的，所以$\{\boldsymbol{c}_{i,1},\boldsymbol{c}_{i,2}\}_{i=1}^{p_1}$与$\{\boldsymbol{c}'_{i,1},\boldsymbol{c}'_{i,2}\}_{i=1}^{p_1}$在统计上也无法区分。

$\{d_{i,1},d_{i,2}\}_{i=1}^{p_2}$与$\{d'_{i,1},d'_{i,2}\}_{i=1}^{p_2}$无法区分。在真实实验中，密文$\{d_{x,1},d_{x,2}\}$是从公式（5.6）推导得到的。给定计算结果$\{d_{x,1},d_{x,2}\}$，由于未知变量 n 的规模大于方程数，所以无法恢复 $\boldsymbol{x}$ 的内容，其困难程度取决于解无限解的多元多项式等式。由于每个包含$\boldsymbol{\alpha}$的向量都包含随机数，因此$\{d_{i,1},d_{i,2}\}_{i=1}^{p_2}$看起来也是随机的。而在理想实验中，每个密文都受限于泄露信息 L。由于为每个项目 $x_{a,j}$ 选择的向量$\boldsymbol{\alpha}_j$是随机的，因此公式（5.5）中的（$r_{i,1,j},r_{i,2,j}$）也是随机的。因此，$\{d'_{i,1},d'_{i,2}\}_{i=1}^{p_2}$在随机密文$\{\boldsymbol{c}'_{i,1},\boldsymbol{c}'_{i,2}\}_{i=1}^{p_1}$下看起来也是随机的。所以，$\{d_{i,1},d_{i,2}\}_{i=1}^{p_2}$与$\{d'_{i,1},d'_{i,2}\}_{i=1}^{p_2}$在统计上无法区分。

由 $\{\boldsymbol{c}_{i,1},\boldsymbol{c}_{i,2}\}_{i=1}^{p_2}$ 和密钥 $\mathrm{sk}_{b,a}=\theta_{b,a}\cdot\boldsymbol{M}^{-1}$ 计算得到的中间结果与随机向量无法区分。给定恢复后的矩阵

$$\begin{aligned}&\boldsymbol{c}_{i,1}\times(\theta_{b,a}\cdot\boldsymbol{M}^{-1})\\&=(\Gamma\cdot(r_1\cdot\boldsymbol{x}+\boldsymbol{t})+\boldsymbol{e}_1)\times(s_1\cdot\boldsymbol{M})\times(\theta_{a,b}\cdot\boldsymbol{M}^{-1})\\&=s_1\cdot\theta_{a,b}\cdot(\Gamma\cdot(r_1\cdot\boldsymbol{x}+\boldsymbol{t})+\boldsymbol{e}_1)\end{aligned}\tag{5.7}$$

$$\begin{aligned}&\boldsymbol{c}_{i,2}\times(\theta_{b,a}\cdot\boldsymbol{M}^{-1})\\&=(\Gamma\cdot(r_1\cdot\boldsymbol{t})+\boldsymbol{e}_2)\times(s_2\cdot\boldsymbol{M})\times(\theta_{a,b}\cdot\boldsymbol{M}^{-1})\\&=s_2\cdot\theta_{a,b}\cdot(\Gamma\cdot(r_2\cdot\boldsymbol{t})+\boldsymbol{e}_2)\end{aligned}\tag{5.8}$$

由于解无限解的多元多项式等式困难，从 $\boldsymbol{c}_{i,2}\times(\theta_{b,a}\cdot\boldsymbol{M}^{-1})$ 中无法恢复 $\boldsymbol{t}$，其中未知变量为 $n+3$，方程数为 n。同样地，如果不知道 $\boldsymbol{t}$，从 $\boldsymbol{c}_{i,1}\times(\theta_{b,a}\cdot\boldsymbol{M}^{-1})$ 中无法推断 $\boldsymbol{x}$，其中未知变量为 $2n+5$，方程数为 $2n$。由于 s_1、s_2、r_1、r_2、$\theta_{b,a}$ 和 $\boldsymbol{t}$ 都是随机数，恢复结果 $\boldsymbol{c}_{i,2}\times(\theta_{b,a}\cdot\boldsymbol{M}^{-1})$ 和 $\boldsymbol{c}_{i,1}\times(\theta_{b,a}\cdot\boldsymbol{M}^{-1})$ 也与两个随机向量无法区分。

因此，可以推断 $\mathrm{View}_{\mathrm{A,Real}}$ 与 $\mathrm{View}_{\mathrm{A,Ideal}}$ 在实质上是无法区分的，A 无法区分 MSIP 方案的真实实验视图与理想实验视图。因此，在泄露信息 L 下，MSIP 方案具有选择性安全。

5.4.2　SODI 方案的安全性

在粗粒度子图像比较过程中，由于每个数据维度的消息空间是有限的，如果仅用 $s_{a,b}$ 保护插入到布谷鸟过滤器 CF_a 中的数据项，那么 Sat_b 还可以通过重复尝试所有可能来推断内容。对于每个节点 $x_{a,i},i\in[1,d]$，它用随机向量 $\boldsymbol{\alpha}_i$ 结构化，然后推导出 $z_{a,i}$。给定图 5.3 中的 msg_2 和 msg_3，Sat_b 也可以恢复结构化节点 $z_{b,i}=\langle\boldsymbol{u}_{b,i},\boldsymbol{\alpha}_i\rangle$, $i\in[1,d]$，其安全性依赖于 MSIP 方案的选择性安全。由于 Sat_b 无法恢复每个 $\boldsymbol{\alpha}_i$，$i\in[1,d]$，所以它不可能重复推断 $z_{a,i}$ 的任何其他可能值。因此，给定 CF_a 和 $\boldsymbol{d}_{b,i},i\in[1,d]$，$\mathrm{Sat}_b$ 只能给出结论 $\boldsymbol{z}_b$ 中的节点是否与 $\boldsymbol{z}_a$ 中的节点一致，但会有误判，且无法了解不同读数。因此，在粗粒度比较过程中，可以实现来自两颗卫星的数据输入的保密性。

在细粒度子图像比较阶段，首先分析案例 1 的安全属性。由于布谷鸟过滤器可能存在误判，如果 Sat_b 用布谷鸟过滤器找到 $\boldsymbol{x}_b=\boldsymbol{x}_a$，那么 Sat_b 需要验证根节点

$y_{b,1}=y_{a,1}$。为了验证根节点$y_{a,1}$，Sat_a首先用随机向量$\boldsymbol{\beta}$对$y_{a,1}$进行结构化，从而推导出值$w_{a,1}$，其安全性也依赖于 MSIP 方案的选择性安全。给定$\boldsymbol{c}_{b,1}$，Sat_b也用$\boldsymbol{\beta}$对$y_{b,1}$进行结构化，使Sat_b可以恢复紧凑值$w_{b,1}$。在验证过程中，Sat_b只能给出结论$y_{b,1}=y_{a,1}$，且无法了解任何其他可能值。与此同时，由于Sat_b无法恢复$\boldsymbol{\beta}$，如果$y_{b,1}\neq y_{a,1}$，它也无法了解$y_{a,1}$。案例 2 采用案例 1 定义的相同步骤，验证每个节点$\boldsymbol{y}_b^h$，$h\in[1,t]$和$\boldsymbol{y}_a^h$的过程与案例 1 中的过程是否相同。因此，SODI 方案可以在细粒度比较过程中实现子图像的保密性。

5.5 实验评估

本节从计算开销和通信开销两个方面评估所提出的方案的性能。这是关于两幅子图像差异在轨道上的安全比较的工作。因此，本节将所提出的方案与其他两个方案进行比较：第一个比较方案采用与所提出的方案完全相同的模式，但没有使用布谷鸟过滤器；第二个比较方案也采用与所提出的方案完全相同的模式，但没有采用 DCTree 来组织子图像。

本节使用 Python，在一台配置为 Intel i7 四核 1.80GHz 处理器和 16.0GB 内存的计算机上进行实验。设置矩阵加密技术的参数$l=|q|=256\ \text{bit}$，其中$|\cdot|$表示位长度。同时，将矩阵$\boldsymbol{M}$的维度n设置为 2。这是合理的，因为当$z_{a,i}=\sum_{j=1}^{2}\alpha_{i,j}\cdot H\left(x_{a,i}\parallel j\right)$时，$x_{a,i}$可以通过（$\alpha_{i,1},\alpha_{i,2}$）来保护。对于布谷鸟过滤器，给定桶大小$b$和误判率$\varepsilon$，指纹长度最小允许值$f=\left[\log_2(1/\varepsilon)+\log_2(2b)\right]$ bit[29]。

5.5.1 计算开销

本节分析所提出的方案的计算复杂度，并将所提出的方案与其他两个方案进行性能对比。对于 MSIP 方案，一个 MSIP.Enc 操作需要（$2\times n^2+6\times n$）次乘法和（$2\times n^2+n$）次加法。一个 MSIP.Compute 操作需要（$2\times n^2+4\times n$）次乘法和（$2\times n^2+2\times n-2$）次加法。一个 MSIP.Eval 操作需要 2 次乘法。

理论上，一个 MSIP.Enc 的计算复杂度为$O(n^2)$，一个 MSIP.Compute 的计算复杂度为$O(n^2)$，一个 MSIP.Eval 的计算复杂度为$O(1)$。与 MSIP.Enc 和 MSIP.Compute 相比，MSIP.Eval 的计算复杂度可以忽略不计，只考虑 MSIP.Enc

和 MSIP.Compute 的。尽管 MSIP 的计算复杂度为 $O(n^2)$，但 MSIP.Enc 和 MSIP.Compute 的实际计算开销分别为 $c_{\mathrm{enc}} = 8.71\times10^{-2}$ms 和 $c_{\mathrm{comp}} = 7.88\times10^{-2}$ms。然而，单个双线性映射/乘法操作需要几毫秒，当 $n=2$ 时，$O(n^2)$ 的计算复杂度是可以接受的。

在所提出的方案中，粗粒度比较阶段需要 $2\times d$ 次 MSIP.Enc 操作和 $2\times d$ 次 MSIP.Compute 操作。同时，由于哈希操作效率高，可以忽略它带来的开销。在细粒度比较阶段，案例 1 需要一个 MSIP.Enc 操作和一个 MSIP.Compute 操作。而案例 2 需要 t 次 MSIP.Enc 操作和 t 次 MSIP.Compute 操作。如果存在误判概率，每个识别不同子图像也需要 t 次 MSIP.Enc 操作和 t 次 MSIP.Compute 操作。

设置地形变化概率为 p_{tc}，误判概率为 p_{fp}。比较和识别阶段的计算成本如表 5.1 所示。注意当 $p_{\mathrm{tc}}\to0$ 时，有 $1\times p_{\mathrm{tc}} + 2\times p_{\mathrm{tc}}^2 + 3\times p_{\mathrm{tc}}^3 + \cdots = \dfrac{p_{\mathrm{tc}}}{\left(1-p_{\mathrm{tc}}^2\right)}$。对于第一个比较方案，整体计算开销为 $C_1 = 2\times d\times c_{\mathrm{enc}} + 2\times d\times c_{\mathrm{comp}}$，其代价是高通信效率。对于第二个比较方案，比较和识别阶段的计算开销如表 5.2 所示。

表 5.1　所提出的方案的计算开销

案例	误判概率	地形变化概率	计算开销
案例 1	无	无	$(1-p_{\mathrm{fp}})\times(1-p_{\mathrm{tc}})\times(c_{\mathrm{enc}}+c_{\mathrm{comp}})$
案例 1	有	有	$p_{\mathrm{fp}}\times p_{\mathrm{tc}}\times(c_{\mathrm{enc}}+c_{\mathrm{comp}})+\dfrac{t\times p_{\mathrm{fp}}\times p_{\mathrm{tc}}}{(1-p_{\mathrm{tc}})^2}\times(c_{\mathrm{enc}}+c_{\mathrm{comp}})$
案例 2	无	有	$(1-p_{\mathrm{fp}})\times\dfrac{t\times p_{\mathrm{tc}}}{(1-p_{\mathrm{tc}})^2}\times(c_{\mathrm{enc}}+c_{\mathrm{comp}})$
案例 2	有	有	$p_{\mathrm{fp}}\times\dfrac{2\times t\times p_{\mathrm{tc}}}{(1-p_{\mathrm{tc}})^2}\times(c_{\mathrm{enc}}+c_{\mathrm{comp}})$

表 5.2　第二个比较方案的计算开销

案例	误判概率	地形变化概率	计算开销
案例 1	无	无	$(1-p_{\mathrm{fp}})\times(1-p_{\mathrm{tc}})\times(c_{\mathrm{enc}}+c_{\mathrm{comp}})$
案例 1	有	有	$p_{\mathrm{tc}}\times p_{\mathrm{fp}}\times(1+d)\times(c_{\mathrm{enc}}+c_{\mathrm{comp}})$
案例 2	—	有	$p_{\mathrm{tc}}\times d\times(c_{\mathrm{enc}}+c_{\mathrm{comp}})$

由于误判概率 p_{fp} 和布谷鸟过滤器规模主要影响通信开销，本节将所提出的方案与第二个比较方案进行对比，考虑子图像维度 d 和地形变化概率 p_{tc}。图 5.6 和图 5.7 显示了所提出的方案和第二个比较方案在子图像维度 d 为 10～50，地形变化概率 p_{tc} 为 0.05～0.3 的计算开销。在图 5.6 中，所提出的方案的复杂度为 $O([\log_2(d)])$，第二个比较方案为 $O(d)$。当 $d=50$，$p_{\mathrm{tc}}=0.3$ 时，案例 1 中所提出的方案的计算开销为 $C_0=0.17\mathrm{ms}$，第二个比较方案为 $C_2=0.67\mathrm{ms}$。案例 2 中所提出的方案的计算开销为 $C_0=0.36\mathrm{ms}$，第二个比较方案为 $C_2=2.49\mathrm{ms}$。因此，采用 DCTree 结构可以提高计算复杂度。

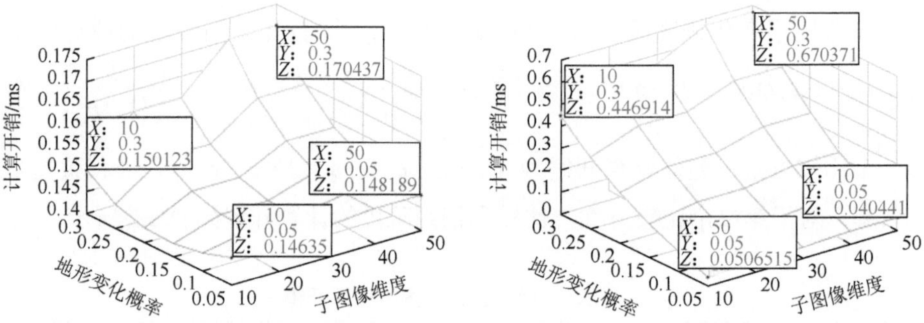

(a) 所提出的方案　　(b) 第二个比较方案

图 5.6　案例 1 期间的计算开销比较

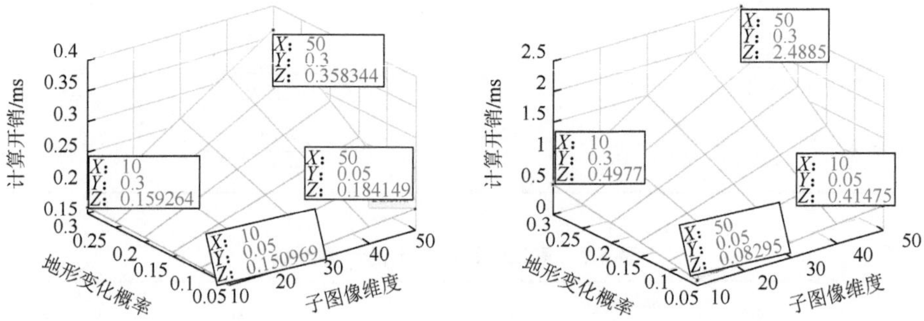

(a) 所提出的方案　　(b) 第二个比较方案

图 5.7　案例 2 期间的计算开销比较

5.5.2　通信开销

本节展示并比较所提出的方案在不同情况下的通信开销，不同情况包括地形变化概率 p_{tc}、误判概率 p_{fp} 以及子图像维度 d。假设每个密文 $\boldsymbol{c}_i$ 的长度为(4×l)bit，每个 $\boldsymbol{d}_i$ 的长度为(2×l)bit。所提出的方案在差异比较过程中的通信开销如表 5.3 所示。第一个比较方案的通信开销是 $\left[2\times d\times(7\times l)\right]$ bit。第二个比较方案在差异比较过程中的通信开销如表 5.4 所示。

表 5.3　所提出的方案的通信开销

案例	误判概率	地形变化概率	通信开销
案例 1	无	无	$(1-p_{fp})\times(1-p_{tc})\times(7\times l)$
案例 1	有	有	$p_{fp}\times p_{tc}\times(7\times l)+p_{fp}\times\dfrac{p_{tc}}{(1-p_{tc})^2}\times(7\times l\times t+l)$
案例 2	无	有	$(1-p_{fp})\times\dfrac{p_{tc}}{(1-p_{tc})^2}\times(7\times l)$
案例 2	有	有	$p_{fp}\times\dfrac{2\times t\times p_{tc}}{(1-p_{tc})^2}\times(7\times l)$

表 5.4　第二个比较方案的通信开销

案例	误判概率	地形变化概率	通信开销
案例 1	无	无	$(1-p_{fp})\times(1-p_{tc})\times(7\times l)$
案例 1	有	有	$p_{tc}\times p_{fp}\times(7\times d\times l)$
案例 2	—	有	$p_{tc}\times(7\times d\times l)$

图 5.8 比较了所提出的方案和第二个比较方案在不同 p_{tc}（从 0.01 到 0.1）和不同 p_{fp}（从 0.01 到 0.1）情况下的通信开销，这里子图像维度 d 为 20。第一个比较方案的通信开销为 $C_1=7\times d\times l=3.58\times10^4$ bit。当 p_{tc} 为 0.1，p_{fp} 为 0.1 时，所提出的方案的通信开销 $C_0=3.37\times10^4$bit，第二个比较方案的通信开销 $C_2=3.63\times10^4$bit。由于布谷鸟过滤器的长度会随着误判概率的减小而增加，所以给定 p_{tc}，随着 p_{fp} 的增加，所提出的方案的通信开销 C_0 会减少。

图 5.9 比较了所提出的方案和比较方案在不同子图像维度 d（从 4 到 40）和不同误判概率 p_{fp}（从 0.01 到 0.1）情况下的通信开销，这里 p_{tc} 为 0.05。当 d 为

40，p_{fp} 为 0.1 时，所提出的方案、第一个比较方案和第二个比较方案的通信开销分别为 $C_0 = 6.53\times10^4$ bit、$C_1 = 7.17\times10^4$ bit、$C_2 = 6.96\times10^4$ bit。评估结果表明，所提出的方案在不同参数设置下都优于比较方案。

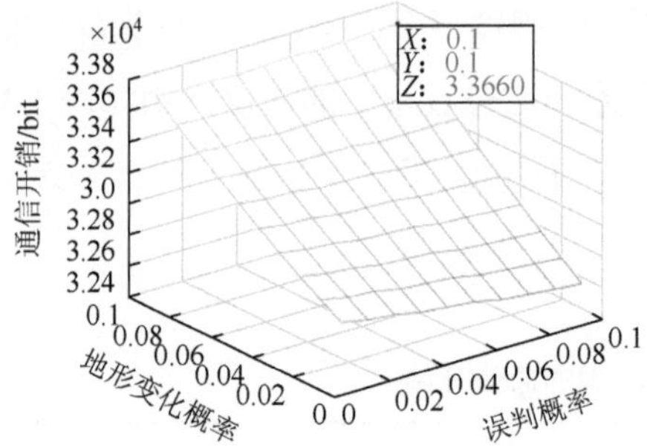

(a) 所提出的方案的通信开销

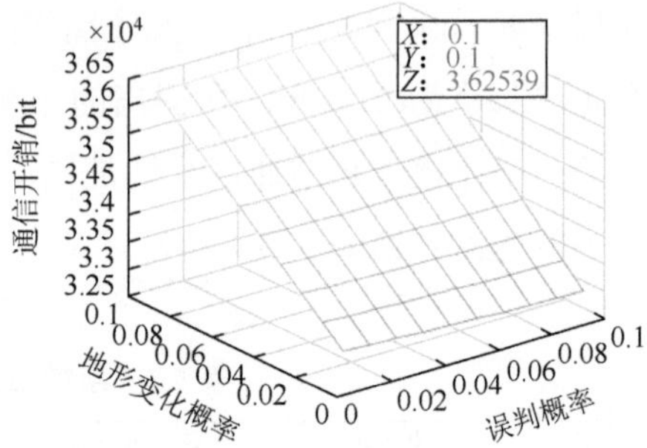

(b) 第二个比较方案的通信开销

图 5.8　当子图像维度 $d = 20$ 时的通信开销比较

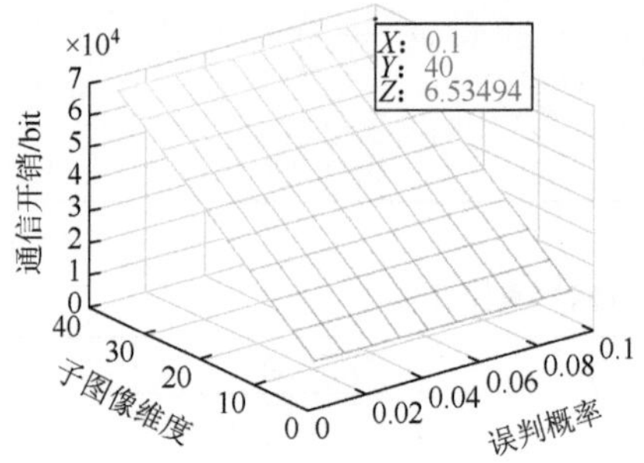

(a) 所提出的方案的通信开销

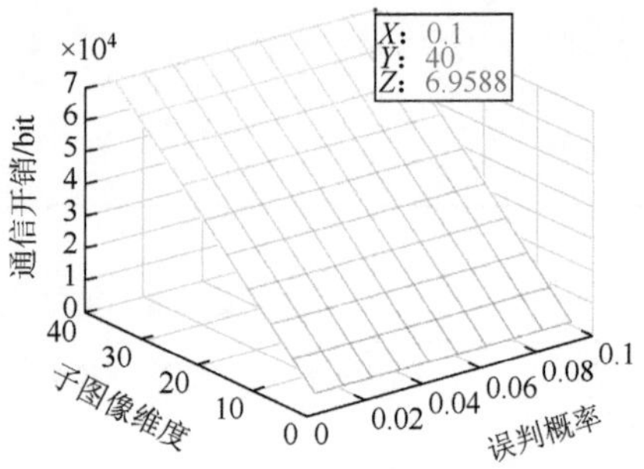

(b) 第二个比较方案的通信开销

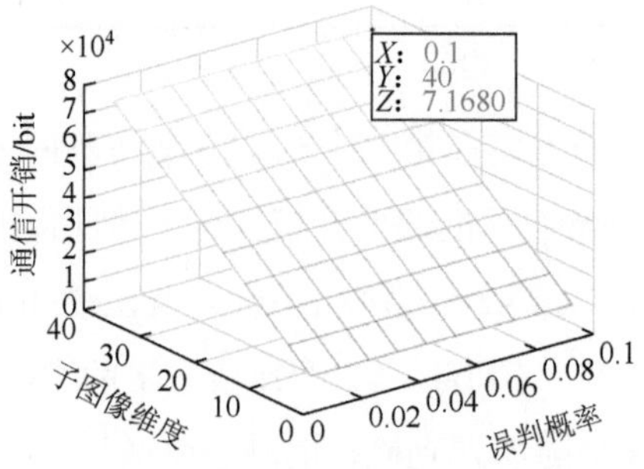

(c) 第一个比较方案的通信开销

图 5.9　当地形变化概率 $p_{\mathrm{tc}} = 0.05$ 时的通信开销比较

本章提出了一种在轨期间两个相邻卫星顺序掠过 EAL 监测目标区域时识别地形特征变化的安全方案。通过结合 MSIP 方案实现安全内积计算和嵌套过滤器，所提出的方案实现了包含假正例的子图像粗粒度比较。同时，利用 MSIP 方案和 DCTree，所提出的方案也实现了不同子图像的精细识别。模拟结果显示，在通信开销和计算开销上，所提出的方案优于比较方案。在未来工作中，计划将在轨差异识别方案扩展到低地球轨道卫星星座。

参 考 文 献

[1] Brakerski Z，Gentry C，Halevi S. Packed ciphertexts in LWE-based homomorphic encryption[C]//Public-Key Cryptography（PKC 2013），2013：1-13.

[2] Planet Developers. PlanetScope overview[EB/OL]. [2024-10-04]. https://developers.planet.com/docs/data/planetscope/.

[3] Jiang Q Q，Wang H P，Kong Q L，et al. On-orbit remote sensing image processing complex task scheduling model based on heterogeneous multiprocessor[J]. IEEE Transactions on Geoscience and Remote Sensing，2023.

[4] Chen L Q，Chang Y，Yan L X. On-orbit real-time variational image destriping：FPGA architecture and implementation[J]. IEEE Transactions on Geoscience and Remote Sensing，2022，60：1-12.

[5] Chen J Y，Zhang B，Tang X M，et al. On-orbit geometric calibration and accuracy validation for laser footprint cameras of GF-7 satellite[J]. Remote Sensing，2022，14（6）：1408.

[6] Jia S，Zhu S Z，Wang Z H，et al. Diffused convolutional neural network for hyperspectral image super-resolution[J]. IEEE Transactions on Geoscience and Remote Sensing，2023，61：1-15.

[7] Pang Y H，Zhang Y M，Kong Q L，et al. SOCDet：A lightweight and accurate oriented object detection network for satellite on-orbit computing[J]. IEEE Transactions on Geoscience and Remote Sensing，2023，61：1-15.

[8] Tao P J，Xi K，Niu Z Q，et al. Optimal selection from extremely redundant satellite images for efficient large-scale mapping[J]. ISPRS Journal of Photogrammetry and Remote Sensing，2022，194：21-38.

[9] Song C，Yu C，Li Z H，et al. Triggering and recovery of earthquake accelerated landslides in Central Italy revealed by satellite radar observations[J]. Nature Communications，2022，13：7278.

[10] Archon. Cyber concerns for the satellite sector[EB/OL]. [2024-09-21]. https://www.archonsecure.com/blog/satellite-cybersecurity.

[11] Yang Z. Ministry tackles security risks on geographic information[EB/OL].（2023-12-12）[2024-07-16]. https://www.chinadaily.com.cn/a/202312/12/WS6577b92ca31040ac301a747c.html.

[12] Holmes M. The growingrisk of a major satellite cyber attack[EB/OL]. [2024-10-17]. https://interactive. satellitetoday.com/the-growingrisk-of-a-major-satellite-cyber-attack/.

[13] Xue M F，Zhang Y S，Wang J，et al. Intellectual property protection for deep learning models：Taxonomy，methods，attacks，and evaluations[J]. IEEE Transactions on Artificial Intelligence，2021，3（6）：908-923.

[14] Alrowaily M，Lu Z. Secure edge computing in IoT systems：Review and case studies[C]//2018 IEEE/ACM Symposium on Edge Computing（SEC），2018：440-444.

[15] Ranaweera P，Jurcut A D，Liyanage M. Survey on multi-access edge computing security and privacy[J]. IEEE Communications Surveys & Tutorials，2021，23（2）：1078-1124.

[16] Zhang J L，Zhao Y C，Wu J，et al. LVPDA：A lightweight and verifiable privacy-preserving data aggregation scheme for edge-enabled IoT[J]. IEEE Internet of Things Journal，2020，7（5）：4016-4027.

[17] Rezaeibagha F，Mu Y，Huang K，et al. Authenticable additive homomorphic scheme and its application for MEC-based IoT[J]. IEEE Transactions on Services Computing，2022，16（3）：1664-1672.

[18] Mukherjee M，Matam R，Mavromoustakis C X，et al. Intelligent edge computing：Security and privacy challenges[J]. IEEE Communications Magazine，2020，58（9）：26-31.

[19] Jagielski M，Oprea A，Biggio B，et al. Manipulating machine learning：Poisoning attacks and countermeasures for regression learning[C]//2018 IEEE Symposium on Security and Privacy（SP），2018：19-35.

[20] Schlegel R，Kumar S，Rosnes E，et al. Privacy-preserving coded mobile edge computing for low-latency distributed inference[J]. IEEE Journal on Selected Areas in Communications，2022，40（3）：788-799.

[21] Mera J M B，Karmakar A，Marc T，et al. Efficient lattice-based inner-product functional encryption[C]//IACR International Conference on Public-Key Cryptography，2022：163-193.

[22] Abdalla M，Bourse F，Caro A D，et al. Simple functional encryption schemes for inner products[C]//Public-Key Cryptography（PKC 2015），2015：733-751.

[23] Zhu D，Zhu H，Huang C，et al. Efficient and accurate cloud-assisted medical pre-diagnosis with privacy preservation[J]. IEEE Transactions on Dependable and Secure Computing，2023，21（2）：860-875.

[24] Xiang G F，Meng B H，Tu B H，et al. On-Orbit autonomous geometric calibration of directional polarimetric camera[J]. Remote Sensing，2022，14（18）：4548.

[25] Tang H Z，Xie J F，Dou X H，et al. On-Orbit vicarious radiometric calibration and validation of ZY1-02E thermal infrared sensor[J]. Remote Sensing，2023，15（4）：994.

[26] Leshchinsky B A，Olsen M J，Tanyu B F. Contour connection method for automated identification and classification of landslide deposits[J]. Computers & Geosciences，2015，74：27-38.

[27] Yuan J W，Tian Y F. Practical privacy-preserving mapreduce based k-means clustering over large-scale dataset[J]. IEEE Transactions on Cloud Computing，2017，7（2）：568-579.

[28] Lindell Y. How to simulate it：A tutorial on the simulation proof technique[M]//Tutorials on the Foundations of Cryptography. Cham：Springer，2017：277-346.

[29] Fan B，Andersen D G，Kaminsky M，et al. Cuckoo filter：Practically better than Bloom[C]//Proceedings of the 10th ACM International on Conference on emerging Networking Experiments and Technologies，2014：75-88.

第 6 章　安全在轨几何特征查询方案

本章提出一种在非法捕捞监控场景下的安全在轨查询方案，可以实现：①支持给定几何图形的在轨查询；②保护查询的数据项和数据集的安全；③保证计算和通信效率。通过结合局部敏感哈希（LSH）[1]、XOR 过滤器[2]以及单指令多数据流（SIMD）编码的 BFV 密码系统[3, 4]，设计一个高效安全的目标几何图形双重检索方案。本章首先为 SCQuery 和 SCDist 方案设计两个新的加密模块，实现与目标项相邻的几何项组的安全识别。SCQuery 方案实现两个项组之间的安全构建和测试，复杂度为 $O(1)$，将 XOR 过滤器和测试查询编码为两个独立的数组；同时，在 BFV 密文中使用 SIMD 编码的加法运算执行测试操作。SCDist 方案实现在由 SIMD 编码的 BFV 密文上进行查询项与一组数据项之间安全高效的欧几里得距离计算，复杂度为 $O(l)$，其中 l 表示数据项的维数。其次利用 SCQuery 和 SCDist 方案，本章提出一种在非法捕捞监控场景下基于卫星边缘计算的安全在轨查询方案。

遥感图像技术的发展为公共任务的执行提供了强大的支持，特别是在环境监测、资源管理、农业发展和灾害响应等领域。遥感图像有望与各种公共任务进行合作，相关机构和客户不仅能够及时观察到地面以及环境的变化，还能够基于这些信息实现各自领域的创新和突破[5, 6]。近年来，LEO 卫星星座的蓬勃发展也使得星载原始数据出现了爆炸式增长，已经超出了下行数据传输的能力[7]。为了应对这一挑战，研究人员设计了大量的星载有效载荷数据处理技术，如数据选择、数据压缩或缩减、轻量目标检测等[8]。借助充足的在轨存储和计算设备，遥感卫星可以在卫星边缘设备上运行小规模的在轨查询服务[9]。这种服务模式允许卫星不需要将整个遥感图像（压缩图像或预定义的检测结果）传输到地面，可直接在卫星上进行数据处理，提取有价值的信息。通过这种方式，卫星可以利用嵌入式的子图像对地面查询作出快速响应，大大提高了数据处理的实时性和应用价值。以非法捕鱼为例，这一行为对可持续渔业构成了严重威胁。有研究人员提出根据遥感图像检测未经授权的渔船，实现非法渔船检测[10]。在传统模式下，遥感卫星捕获海上活动并将图像传送到地面，这有助于了解非法捕捞活动的位置，但无法及时阻止这些活动的发生。然而，借助在轨查询服务，渔业管理部门和渔业协会可以实时向遥感卫星发出查询请求，查询非法捕捞渔船。一旦检测到可疑目标，相关部门可以迅速通知巡逻船只，进行海上拦截和执法行动，从而有效地打击非法捕捞行为。

遥感卫星作为卫星网络边缘的公共在轨查询平台，为农业、城市规划、水资源管理等多个领域提供服务。这些服务不仅支持日常的资源管理和环境监测，还为政府机构提供了监视和防止不当行为的能力。然而，这些应用中的敏感性要求对在轨查询的安全性进行严格保护。特别是当这些查询由政府机构发起，用于执法或证据收集目的时，查询的机密性尤为重要。因此，发送到卫星的查询需要进行保护。然而，卫星作为存储设备保存从遥感图像中提取的数据项，同时也作为计算单元处理查询并返回一组嵌入的子图像，仍然可以从查询响应中推断查询内容。对卫星而言，遥感图像是一种具有时效性的知识产权。即使不允许卫星学习查询，也需要尽可能地减小响应的嵌入子图像的规模。为了应对这一挑战，需要设计一种安全增强机制来保护数据查询和提取的数据集。在非法捕捞监控的案例中，非法捕捞船舶查询的近实时泄露可能会泄露海上巡逻船的意图，无法成功干预非法捕捞活动。对于卫星来说，非法捕捞监控只涉及卫星的部分服务，它只愿意与查询用户共享相关的嵌入子图像。

虽然私有信息检索（private information retrieval，PIR）[11, 12]、不经意传输（OT）[13]等加密协议可以实现从数据库中安全地检索目标数据项，而不会泄露所选择的目标数据项。然而，这些加密协议仍然面临着一些局限性，首先是计算复杂度较大，像 XPIR[11]和 SinglePIR[12]这样的 PIR 方案在检索时需要对整个数据库进行操作，这会产生大量的计算成本。实际上，遥感卫星受到星载能源供应限制的影响，它可能无法支持计算密集型协议。为了解决这一挑战，需要针对卫星边缘节点设计一种轻量级的安全在轨查询方案，以适应有限的在轨计算资源。其次是通信开销，OT 协议[13]的执行过程涉及数据库中部分数据的传输，这给系统带来了一定的通信开销。由于传输时延长，传输带宽受限，需要仔细评估加密协议执行过程中星地链路的通信开销。由于遥感卫星处理查询，存储整个数据集并使用一组嵌入式子图像进行响应，目标查询项应该隐藏在一组相似的查询项中，我们需要在相似查询项的规模和引入的系统过载之间进行权衡。在非法捕捞监控的场景下，目标渔船的几何特征应该隐藏在一组相似的几何特征中，需要仔细评估系统的开销。

6.1　系统模型、安全需求和设计目标

本节首先结合近实时的非法捕捞监控场景，介绍在轨查询过程的系统模型；其次确定该系统的安全需求；最后在考虑传输带宽和在轨处理资源不足的情况下，进一步提出设计目标。

6.1.1　系统模型

考虑到遥感卫星的在轨计算和存储设备，假设遥感卫星能够从中提取几何轮廓并将其保存在星载存储中。而在非法捕捞监控场景中，假设卫星提取、计算并维护遥感图像中包含的所有几何特征的 Hu 矩[14]，其反映了海洋以及沿海环境。Hu 矩是一种描述物体的轮廓和形状的特征，具有平移、旋转和比例不变性。需要注意的是，在所提出的方案中，可以利用 Hu 矩来表征每个对象的几何特征，也可以使用其他人工智能驱动的目标检测方法[15, 16]。如图 6.1 所示，本节主要针对渔船几何特征的在轨查询进行研究，涉及遥感卫星、查询用户和地面接入点（GAP）三个实体。

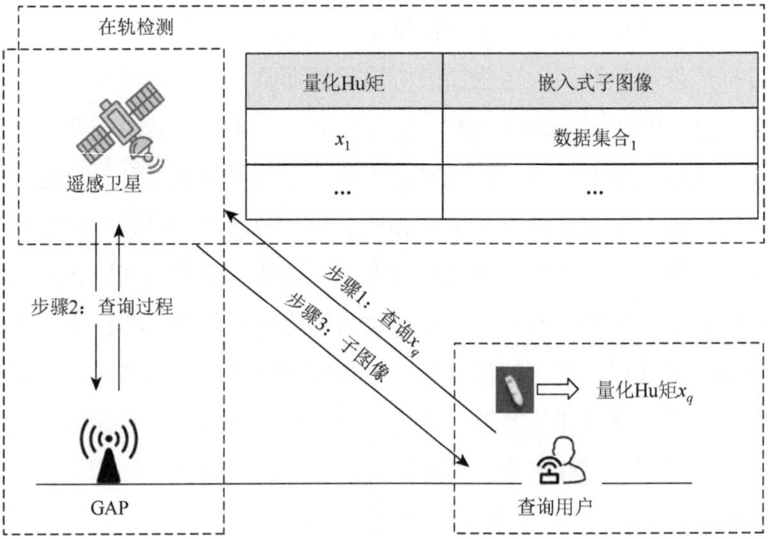

图 6.1　在轨查询示意图

（1）遥感卫星：卫星作为计算和存储平台，通过合成孔径雷达（SAR）提供海上监控服务，并允许机构、协会和客户获得其所需的监控数据。在捕获给定沿海区域的遥感图像后，卫星计算所有识别出的几何轮廓的量化 Hu 矩[14]。同时，卫星存储一个量化 Hu 矩-嵌入式子图像的数据库，其中嵌入式子图像表示具有相同量化 Hu 矩的子图像集合，并为用户提供在轨查询服务。

（2）查询用户：用户想要对某一几何轮廓进行查询。在该系统模型中，我们考虑在非法捕捞监控的场景下，查询用户向卫星提交可疑渔船对象的量化 Hu 矩，即用户向卫星提交目标船舶的量化 Hu 矩。随后，卫星响应给用户一组嵌入式的子图像，以供进一步分析。根据分析结果，用户可以对非法捕捞船只进行追踪，近实时防范非法捕捞活动。

（3）地面接入点（GAP）：GAP 作为地面接入点，与卫星协作完成查询处理过程，其可以与地面骨干网连接，也可以不连接。GAP 只处理已经过卫星处理的查询响应，而不直接处理遥感图像。

通信模型：假设查询用户和卫星之间、GAP 和卫星之间使用安全的星地链路完成信息的传输，同时假设 GAP 和查询用户处于同一颗卫星的覆盖范围内。

6.1.2　安全需求

在安全模型中，首先假设卫星和 GAP 是半诚实的。卫星作为一个公共平台，向各种用户提供在轨查询服务。如果一个不诚实的卫星向查询用户提供有偏差的子图像，可能会损害卫星运营商的声誉，使其在轨查询服务失去客户。其次卫星可能会好奇并试图提取有关查询内容和模式的有价值的信息。GAP 也是由卫星运营商部署的，因此 GAP 对查询信息的不诚实处理也可能导致在轨查询服务的失败；同时，假设 GAP 也会好奇用户所查询的数据项，并试图从查询中获取信息。

本节进一步假设该系统中不存在任何两个实体之间的共谋。尽管卫星和 GAP 都由卫星运营商部署，但运行的卫星是网络威胁的吸引目标。例如，被动注入攻击试图向卫星注入恶意软件，并被动地监视消息流。卫星与 GAP 之间的共谋可能导致整个查询操作过程被攻击方泄露，从而给卫星运营商的声誉带来负面影响。基于上述假设，所提出的方案应满足机密性的安全需求。

机密性：对查询的用户而言，查询内容的泄露可能影响查询结果和查询模式。例如，如果非法渔船学习了查询模式，非法捕鱼活动可能会利用这些信息来躲避定期监控。由于卫星拥有整个量化 Hu 矩-嵌入式子图像数据库，并将查询结果返回给查询用户，因此真正的查询目标需要隐藏在一组查询内容中。同时，GAP 不能学习数据库和查询内容。

6.1.3 设计目标

所提出的方案的设计目标是提出一种在非法捕捞监控场景下安全高效的在轨查询方案，实现 Hu 矩的在轨安全识别。具体而言，所提出的方案应实现以下设计目标。

（1）所提出的方案应满足安全需求。如果所提出的方案不能保证机密性，用户的查询内容可能会被泄露。由于上传至卫星的查询中有很大一部分是由机构和协会生成的，因此查询内容的泄露可能会暴露对非法活动的秘密监控，并进一步对执法产生负面影响。由于卫星拥有整个数据库，如果查询目标没有隐藏在一组类似查询中，则查询内容不可避免会被泄露。同时，数据库是从遥感图像中提取出来的，其知识产权属于卫星运营商，因此数据库需要在卫星内部进行机密性保护。

（2）所提出的方案应具有高效率。由于星载资源有限，需要仔细评估安全增强方案给卫星带来的计算复杂度。由于星地链路的传播时延长，带宽有限，因此星地链路的通信开销也需要尽可能减小。

6.2 基于卫星边缘计算的安全在轨查询方案

本节首先介绍 SCQuery 方案和 SCDist 方案的两个加密模块，用于实现后续安全在轨查询方案的设计；然后具体介绍在非法渔船监控场景下的安全在轨查询 SOQ 方案。

6.2.1 SCQuery 方案

安全紧凑的查询 SCQuery 方案通过结合由 SIMD 编码的 BFV 密码系统和 XOR 过滤器实现了对目标数据项的高效识别。

（1）SCQuery.QGen($D, f(\cdot)$, pk)→($C_v, (h_1, h_2, h_3)$)：给定一组数据项$D = \{d_1, d_2, \cdots, d_m\}$以及指纹函数$f(\cdot)$，通过运行 XOR.build($D, f(\cdot)$)→$\{B, (h_1, h_2, h_3)\}$将集合 D 中的所有数据项集成到 XOR 过滤器中，得到一个新的数组 B 以及三个哈希函数（h_1, h_2, h_3）。为了实现 XOR 过滤器中高效的密文查询，通过以下步骤将数组 B 编码为另一个数组 V。

a. 对于每个数据项 $d_i, i \in \{1, 2, \cdots, N\}$，计算索引 index($d_i$)，即

$$\text{index}(d_i) = h_1(d_i) + (c/3) \times (h_2(d_i) \bmod (c/3)) + (c/3)^2 \times (h_3(d_i) \bmod (c/3)) \quad (6.1)$$

b. 将二进制指纹 $f(d_i), i \in \{1, 2, \cdots, N\}$转换为 R_t 中的元素，表示为 $F(d_i)$，即 $V[\text{index}(d_i)] = F(d_i)$，大小为 c 的 XOR 过滤器的数组被扩展为大小为$(c/3)^3$的数组，图 6.2 展示了当 $c = 6$ 时该编码过程的示例，给定数组 V 和公钥 pk，通过运行 C_v = BFV.Enc(V, pk)生成 V 的密文，得到密文 C_v。

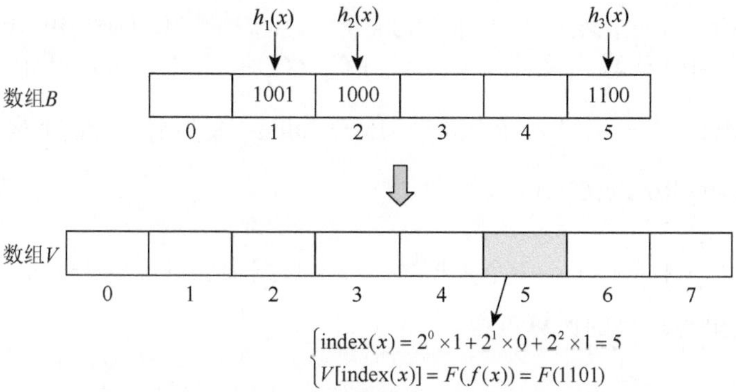

图 6.2　XOR 过滤器数组 B 的编码过程示意图

（2）SCQuery.Comp($C_v, Q, (h_1, h_2, h_3)$)→$C_{v,u}$：给定查询的数据集合 $Q = \{q_1, q_2, \cdots, q_k\}$以及哈希函数（$h_1, h_2, h_3$），生成 XOR 过滤器的数组 B'，并将 B'转换为另一个数组 U。对于每个数据项 $q_j \in Q, j \in \{1, 2, \cdots, k\}$，计算

$$\text{index}(q_j) = h_1(q_j) + (c/3) \times (h_2(q_j) \bmod (c/3)) + (c/3)^2 \times (h_3(q_j) \bmod (c/3)) \quad (6.2)$$

同时将二进制指纹 $f(q_j)$映射到 R_t 中，设置 $U[\text{index}(q_j)] = -F(q_j) \in R_t$，生成密文 C_u = BFV.Enc(U, pk)。此外，执行 SIMD.Add(C_v, C_u) = $C_{v,u}$ 推导出密文形式的槽的元素相加的结果。

（3）SCQuery.Dec($C_{v,u}$, sk)→$U + V$：给定密文 $C_{v,u}$，批量恢复数组的元素和，

如果满足条件 $d_i = q_j$，则 $\text{index}(d_i) = \text{index}(q_j)$，并且 $V[\text{index}(d_i)] + U[\text{index}(q_j)] = F(f(d_i)) - F(f(q_j)) = 0 \in R_t$。

6.2.2 SCDist 方案

安全紧凑的距离 SCDist 方案旨在批量计算两个数据项序列之间的欧几里得距离。

（1）$\text{SCDist.Enc}(x_0, \text{pk}) \rightarrow C_x$：给定 l 维数据项 $x_0 = (x_{0,1}, x_{0,2}, \cdots, x_{0,l})$，通过反复连接 x 对数据进行编码，得到一个新的数组 $X = (x_{0,1}, \cdots, x_{0,l}, x_{0,1}, \cdots, x_{0,l}, \ldots)$，通过运行 $C_x = \text{BFV.Enc}(X, \text{pk})$加密 X 得到密文 C_x。

（2）$\text{SCDist.Calc}(C_x, \boldsymbol{y}, \text{pk})$：给定密文 C_x 以及数据集合 $\boldsymbol{y} = \{\boldsymbol{y}_1, \boldsymbol{y}_2, \cdots, \boldsymbol{y}_m\}$，其中每个数据项都是 l 维的向量，即 $\boldsymbol{y}_i = (\boldsymbol{y}_{i,1}, \boldsymbol{y}_{i,2}, \cdots, \boldsymbol{y}_{i,l})$。将向量 $\boldsymbol{y}$ 重新排列得到数组 $Y = (\boldsymbol{y}_{1,1}, \cdots, \boldsymbol{y}_{1,l}, \boldsymbol{y}_{2,1}, \cdots, \boldsymbol{y}_{2,l}, \cdots, \boldsymbol{y}_{m,1}, \cdots, \boldsymbol{y}_{m,l})$，执行 $C_y = \text{BFV.Enc}(Y, \text{pk})$ 得到密文 C_y。同时计算密文 $C_s = C_x \times C_x + C_y \times C_y - 2 \times C_x \times C_y$，其中“×”表示操作 SIMD.Mul，“＋/−”表示操作 SIMD.Add。最后计算批量欧几里得距离 $C_{\text{sum}} = \sum_{i=0}^{s-1} \text{SIMD.Rotate}(C_s, i)$。

图 6.3 为 $\boldsymbol{y}$ 中存在 $m = 3$ 个数据项，每个数据项的维度为 $l = 3$ 时，SIMD 编码的批量欧几里得距离的计算过程。

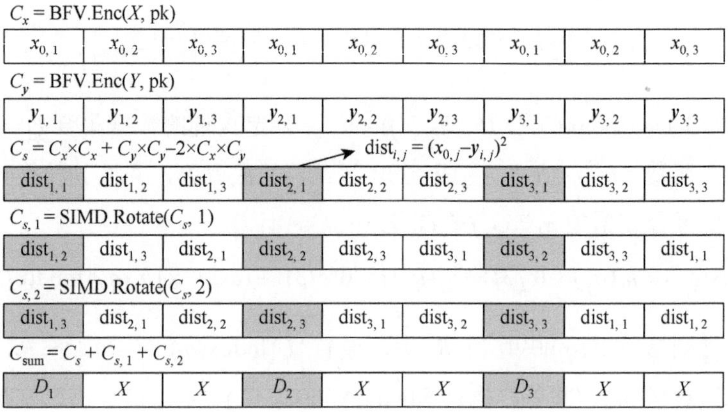

图 6.3　SIMD 编码的批量欧几里得距离的图示

6.2.3 SOQ 方案

通过上述定义的 SCQuery 方案和 SCDist 方案，本节介绍所提出的非法捕捞监控场景下的基于卫星边缘计算的 SOQ 方案，该方案包括 5 个阶段：①系统初始化；②数据组织；③令牌生成；④查询处理阶段 1；⑤查询处理阶段 2。表 6.1 简要总结了方案所用的符号及其含义。

表 6.1　方案所用的符号及其含义

符号	具体含义
(h_1, h_2, h_3)，$f(\cdot)$	XOR 过滤器中的函数
U, V	XOR 过滤器的数组
λ, N, q, t	BFV 密码系统的参数
(sk, pk)	公私钥对
$g(\cdot)$	LSH 的哈希函数
$b_i, i\in\{1, 2, \cdots, w\}$	LSH 的哈希桶
$X_i, i\in\{1, 2, \cdots, w\}$	b_i 中包含的数据集合
$x_{i,j}, j\in\{1, 2, \cdots, m\}$	集合 X_i 中的数据项
$x_{i,j}=\left\{x_{i,j}^1,\cdots,x_{i,j}^l\right\}$	l 维的数据项
$\boldsymbol{\alpha},\boldsymbol{\beta},\boldsymbol{\gamma},\boldsymbol{\theta}$	R_t^N 中的随机向量
$C_{\cdot,\cdot}, D_{\cdot,\cdot}, E_{\cdot,\cdot}$	BFV 密码系统中的密文

1. 系统初始化

在所提出的 SOQ 方案中，卫星运营商 O 作为可信机构（TA）来生成整个系统。首先，给定安全参数 λ，选择 N、q、t 三个整数初始化整个 BFV 密码系统，其中 N（2 的幂）表示单个密文中允许的最大槽数，明文空间属于 R_t，q 为系数模量，其影响密文中所含的噪声。其次，通过选择散列函数 $f(\cdot)$来初始化 XOR 过滤器，该函数将任何数据项映射为 $k$bit 的指纹值。再次，通过识别 LSH 的哈希函数 $g(\cdot)$和 LSH 的哈希桶数量 w 来初始化 LSH 方案。然后，O 选择哈希函数$\{0, 1\}^* \to R_t$，它可以将任何值映射到 R_t 上。最后，公布系统的公共参数 $pp = \{N, q, t, f(\cdot), g(\cdot), H(\cdot)\}$。

在地面接入点P注册阶段，O首先生成私钥对（sk, pk）。O随机选择$s \leftarrow R_2$，设定密钥为$sk = s$，同时生成公钥$pk = ([-(a \cdot s + e)]_q, a)$，其中$a \leftarrow R_q$，$e \leftarrow \chi(\lambda)$。最后，O安全发送sk给地面接入点P，并公开pk。

当在轨查询服务初始化时，O识别整个消息空间$X' = \left\{x_i = \left(x_i^1, x_i^2, \cdots, x_i^l\right) | 1 \leqslant i \leqslant n\right\}$，其中包含了目标对象所有可能的量化Hu矩。当卫星S或用户U注册在轨查询服务时，O向其发送消息空间X。

2. 数据组织

假设卫星S捕获了所覆盖禁渔区的遥感图像，并计算所有对象几何轮廓的量化Hu矩，即卫星S拥有数据集合$y = \left\{y_i = \left(y_i^1, y_i^2, \cdots, y_i^l\right) | 1 \leqslant i \leqslant k\right\}$，该数据集合包含了从遥感图像中得到的所有量化Hu矩。同时，卫星S存储所有的Hu矩和相应的嵌入式子图像，受在轨资源的限制，卫星删除剩余的遥感图像。为实现目标量化Hu矩的快速识别，S将y中的量化Hu矩映射到一系列桶中，即桶$b_i(i \in \{1, 2, \cdots, w\})$中包含的项记为$y_i = \{y_{i,1}, y_{i,2}, \cdots, y_{i,m}\}$，其中$y_{i,j} = \left(y_{i,j}^1, y_{i,j}^2, \cdots, y_{i,j}^l\right), j \in \{1, 2, \cdots, m\}$。此外卫星S维护一个包含LSH桶$b_i$、量化Hu矩$y_{i,j}$、嵌入式子图像$\mathrm{set}_{i,j}$的数据表，如表6.2所示。

表6.2 量化Hu矩表

LSH桶	量化Hu矩	嵌入式子图像
b_i	$y_{i,j}$	$\mathrm{set}_{i,j}$

3. 令牌生成

海洋渔业保护部门打算在禁渔期监控非法捕捞活动，查询用户U首先计算目标渔船的量化Hu矩，记为$x_{q,0} = \left(x_{q,0}^1, x_{q,0}^2, \cdots, x_{q,0}^l\right)$，同时，通过计算$b_q = g(x_{q,1})$将量化Hu矩$x_{q,0}$插入到LSH桶中，其中$q \in \{1, 2, \cdots, w\}$。由于卫星S拥有整个量化Hu矩表并响应来自用户的查询，因此目标量化Hu矩需要隐藏在一组其他的数据项中。

为了将 $x_{q,0}$ 隐藏在一组其他量化 Hu 矩中，查询用户 U 确定阈值 r，随机选择另一个量化 Hu 矩 $x_{q,1}=\left(x_{q,1}^1,x_{q,1}^2,\cdots,x_{q,1}^l\right)$，该组量化 Hu 矩满足两个条件，首先，欧几里得距离满足 $\|x_{q,1}-x_{q,0}\|^2\leqslant r$；其次，量化 Hu 矩 $x_{q,1}$ 属于 X_q（桶 b_q 中包含的所有可能项）。图 6.4 展示了当数据维数 $l=2$，而量化 Hu 矩的实际维数 $l=7$ 时，基于目标项 $x_{q,0}$ 和阈值 r 选择查询项 $x_{q,1}$ 的过程。

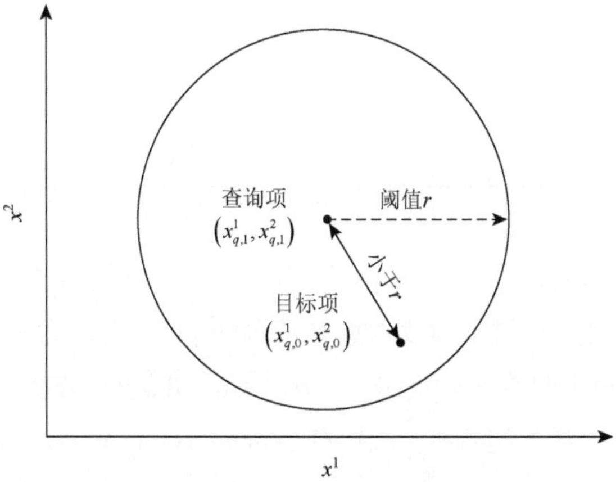

图 6.4　$l=2$ 时查询项的选择

为了实现目标量化 Hu 矩的粗粒度选择，查询用户首先识别 b_q 中包含的所有量化 Hu 矩，记为 X_q。然后，查询用户执行 SCQuery.QGen(X_q, $f(\cdot)$, pk)→{$C_{q,1}$, (h_1, h_2, h_3)}，得到由 SIMD 编码的 XOR 过滤器的密文 $C_{q,1}$ 和一组哈希函数（h_1, h_2, h_3）。$C_{q,1}$ 的目标是检查集合 Y_q 构造的桶 b_q 是否为空。为了细粒度识别位于阈值距离 r 到 $x_{q,1}$ 的量化 Hu 矩的数据集合，查询用户运行 SCDist.Enc($x_{q,1}$, pk)→$C_{q,2}$，得到另一个密文 $C_{q,2}$。

通过以上步骤，用户 U 构造查询令牌：Token = $C_{q,1}\|C_{q,2}\|(h_1, h_2, h_3)$，查询用户 U 生成消息并发送 Token 给卫星 S。

4. 查询处理阶段 1

卫星 S 接收到 Token 后，执行以下步骤来执行粗粒度识别。为了响应查询令牌 Token，卫星 S 从每个桶中随机选择一个项目 $y_{q,z}$, $z\in\{1, 2, \cdots, m\}$，并按照算法 6.1 的步骤将这些数据项插入到新的数据集合 D_s 中。由于查询集合 X_q 包含了插

入到桶 b_q 的数据项的整个消息空间，因此如果集合 $Y_q \neq \varnothing$，则随机选取的项 $y_{q,z}$ 一定属于查询集 X_q。SOQ.Insert 算法过程如算法 6.1 所示。

算法 6.1　SOQ.Insert 算法

SOQ.Insert( )
输入：来自桶的数据集合 $\{Y_1, Y_2, \cdots, Y_w\}$
输出：一个新的数据集合 D_s
1.　for $i = 1$ to w do
2.　　　if $Y_q \neq \varnothing$　然后
3.　　　　　从 Y_q 选择随数据项 $y_{q,z}$
4.　　　　　$D_s \leftarrow D_s.\text{add}(y_{q,z})$
5.　　　end if
6.　end for

卫星 S 运行 SCQuery.Comp($C_{q,1}, D_s, (h_1, h_2, h_3)$)$\rightarrow D_{q,1}$，用于验证目标 LSH 桶是否为空。由于 $D_{q,1}$ 经过地面接入点 P 的公钥 pk 加密，为防止 P 推测出解密结果，卫星 S 选择随机向量 $\boldsymbol{\alpha} = \{\alpha_1, \alpha_2, \cdots, \alpha_N\} \in R_t^N$ 并运行 BFV.Enc（pk，$\boldsymbol{\alpha}$）得到加噪声的密文 C_α。卫星 S 运行 $E_{q,1} = \text{SIMD.Rotate}(\text{SIMD.Mul}(C_\alpha, D_{q,1}), \varepsilon)$，并且发送密文 $E_{q,1}$ 给地面接入点 P，其中 $\varepsilon \in \{0, 1, \cdots, N-1\}$ 表示用于旋转的随机数。

地面接入点 P 接收 $E_{q,1}$ 后，使用密钥 sk 解密 $E_{q,1}$ 并得到一个新的数组 $\boldsymbol{\beta}$，地面接入点 P 执行下述步骤。

情况 1：如果这个数组 $\boldsymbol{\beta}$ 中至少存在一个元素为 0（可能存在误判），则地面接入点 P 设定 $\boldsymbol{\beta}[\text{index}(y_{q,z}) + \varepsilon] = 0$，验证数据项 $y_{q,z}$ 是否属于数据集 D_s，桶 b_q 是否是带有误判概率的目标桶。

情况 2：如果数组 $\boldsymbol{\beta}$ 中不存在元素为 0，那么地面接入点 P 向卫星 S 发送指示符 None，卫星 S 终止查询过程。

5. 查询处理阶段 2

给定已恢复的桶 b_q 和密文 $C_{q,2}$，细粒度识别的目标是找到项目 Y_q 的子集，使得 $x_{q,1}$ 与 $y_{q,i}(i \in Y_q)$ 之间的欧几里得距离小于阈值 r。卫星 S 运行 SCDist.Calc($C_{q,2}, Y_q$，pk）$\rightarrow D_{q,2}$，得到新的密文 $D_{q,2}$，其对应 Y_q 和查询的 $x_{q,1}$ 之间的逐个元素的欧几里得距离。此外，卫星 S 生成一个随机向量 $\boldsymbol{\gamma} \in R_t^N$，其满足条件

$$\begin{cases} \gamma[j] = 0, \text{如果 } j = 1 + i \times l, i \in \{1, 2, \cdots, m\} \\ \gamma[j] \in R_t, \text{如果 } j \neq 1 + i \times l \end{cases} \qquad (6.3)$$

随后卫星 S 运行 $\text{BFV.Enc}(\text{pk},\boldsymbol{\gamma})$ 得到 C_γ，卫星 S 计算 $E_{q,2}=\text{SIMD.Add}(C_\gamma,D_{q,2})$ 得到添加噪声的密文 $E_{q,2}$。卫星 S 生成一条新消息，并将 $E_{q,2}$ 安全发送给地面接入点 P。

P 接收到 $E_{q,2}$ 后，使用私钥 sk 对密文 $E_{q,2}$ 进行解密，得到新的数组 $\boldsymbol{\theta}$，然后卫星 S 执行下述步骤。

$$\begin{cases}\text{如果 } \boldsymbol{\theta}[1+i\times l]\leqslant r, \text{则}\text{Dist}[i]=1\\ \text{否则}, \text{Dist}[i]=0\end{cases}\tag{6.4}$$

同时，地面接入点 P 用数组 Dist 生成消息并发送给卫星 S。对于每一项 $y_{q,i}$，如果 $\text{Dist}[i]=1$，则证明量化 Hu 矩 $y_{q,i}$ 位于查询 $x_{q,1}$ 的阈值内，卫星 S 将嵌入式子图像集合 $\text{set}_{q,i}$ 插入到 Z_q。最后，卫星 S 将嵌入式子图像集合 Z_q 发送给查询用户 U。

6.3　安全性分析

本节将证明所提出的 SOQ 方案可以实现在卫星 S 处和地面接入点 P 处的安全需求。

6.3.1　SOQ 方案在 S 的安全性分析

SOQ 方案在卫星 S 处的安全需求是防止卫星 S 恢复目标数据项。同态加密技术 BFV 的安全性是基于 RLWE 问题的困难性[17]。基于 BFV 的安全性，本节可以证明所提出的 SOQ 方案在卫星 S 处是安全的。本节展示一个基于模拟的现实/理想模型，该模型被广泛用于可搜索加密方案的安全性分析[18]。现实模型定义为 $\text{REAL}_{\Pi,\text{A},y}(x)=\{\text{Output}^{\Pi}(x),\text{View}^{\Pi}(x),y\}$，其中 $\text{Output}^{\Pi}(x)$ 是基于输入 x 的方案 Π 得到的结果，$\text{View}^{\Pi}(x)$ 是执行者的视角，y 是辅助信息。同时，本节将理想模型定义为 $\text{IDEAL}_{F,\text{Sim},y}(x)=\{f(x),\text{Sim}(x,f(x)),y\}$，其中 $f(x)$ 是当输入为 x 时在函数 f 下理想函数 F 的输出，$\text{Sim}(x,f(x))$ 是模拟器 Sim 的视角。

定义 1（半诚实敌手情况下的安全性）：假设理想函数 F 是确定的，Π 是卫星 S 执行的方案，如果存在模拟器 Sim 和半诚实的敌手 A，假设方案 Π 是安全的，在概率多项式时间内，现实模型和理想模型在计算上是无法区分的，即

$$\text{REAL}_{\Pi,\text{A},y}(x)\overset{c}{\approx}\text{IDEAL}_{F,\text{Sim},y}(x)\tag{6.5}$$

其中，$\overset{c}{\approx}$ 是计算上不可区分性的符号。

鉴于上述基于模拟的现实/理想模型，定义所提出的 SOQ 方案在卫星 S 的泄露信息 L_1。在 SOQ 方案中，卫星 S 的作用是构建一个包含量化 Hu 矩 Y 和相应嵌入子图像集的表。为了执行粗粒度的查询处理，卫星 S 从查询用户 U 处接收由 SIMD 编码的密文 $C_{q,1}$ 和 $C_{q,2}$，卫星 S 生成查询结果 $E_{q,1}$ 和 $E_{q,2}$ 的密文。如果映射到 XOR 过滤器的数据项与 Y 重叠，卫星 S 可以通过解密 $E_{q,1}$ 来恢复 LSH 桶 b_q。另外，卫星 S 可以通过解密 $E_{q,2}$ 得到目标阈值 r 内的项目集合 Z_q。因此，卫星 S 拥有的泄露信息为 $L_1=\{Y, b_q, Z_q\}$。可能还有数据集的维度和密码系统的参数设置等辅助信息，但本节只考虑 L_1 作为泄露信息。

定理 1：在 SOQ 方案中，在泄露信息 L_1 不向卫星 S 泄露目标数据项 $x_{q,0}$ 的情况下，卫星 S 可以安全获得集合 Z_q。

证明：为了证明 SOQ 方案在卫星 S 处的安全性，本节构建一个模拟器 Sim。首先，Sim 随机选取一组数据项 D'_s；同时，随机选择一个目标项 $x'_{q,0}$，生成集合 X'_q。其次，模拟器 Sim 对敌手 A 进行如下模拟：①基于集合 X'_q 生成查询令牌 $\text{Token}'=\{C'_{q,1},C'_{q,2}\}$；②计算粗粒度查询结果 $D'_{q,1}$ 并恢复 b'_q；③计算细粒度查询结果 $D'_{q,2}$ 并得到集合 Z'_q。因此，敌手 A 得到理想模型中的视图 $\{D'_s,(C'_{q,1},C'_{q,2}),(E'_{q,1},E'_{q,2})\}$，以及泄露信息 L_1、中间/最终结果。A 得到现实模型中的视图 $\{D_s,(C_{q,1},C_{q,2}),(E_{q,1},E_{q,2})\}$。

由于 $\{C_{q,1},C'_{q,1}\}$ 和 $\{E_{q,1},E'_{q,1}\}$ 是 BFV 密码系统[17]的密文，因此区分 $\{C_{q,1},E_{q,1}\}$ 和 $\{C'_{q,1},E'_{q,1}\}$ 的困难性等同于破解 BFV 密码系统的困难性，从而保证编码后的 XOR 过滤器以及中间计算结果的安全性。当地面接入点 P 发现查询集合和从 LSH 桶中选择的数据项之间不存在重叠时，它只响应目标 LSH 桶中不存在任何内容，并且卫星没有关于目标数据项的任何信息。注意，在这种情况下，当其余（$w-1$）个桶被映射用于 XOR 过滤器的查询时，卫星 S 仍然可以恢复目标桶 b_q。然而，卫星 S 在没有更多信息的情况下仍然无法识别目标数据项 $x_{q,0}$。当地面接入点 P 发现查询集合和从 LSH 桶中选择的数据项之间至少存在一个重叠时，卫星 S 继续计算 $\{E_{q,2},E'_{q,2}\}$。

由于区分 $\{C_{q,2},E_{q,2}\}$ 和 $\{C'_{q,2},E'_{q,2}\}$ 也依赖于对 BFV 密码系统的破解，从而保证了查询的量化 Hu 矩和中间结果的安全性。如果 $\text{Dist}=\mathbf{0}_{1\times w}$，卫星 S 只知道目标区域内没有数据项；否则，卫星 S 可以恢复位于目标区域的数据集合 Z_q。给定一组数据项，S 可以通过计算恢复查询的数据项，但无法推断哪个是目标数据项。

6.3.2 SOQ 方案在 P 的安全性分析

本节将证明所提出的 SOQ 方案在地面接入点 P 处是安全的，这里的安全目标是地面接入点 P 不包括数据集合、目标数据项以及查询数据项。地面接入点 P 在该方案的作用主要有两个：首先是定位 LSH 桶，其次是计算查询数据项和映射到桶的数据集合之间的欧几里得距离。定义泄露信息 L_2。由于地面接入点 P 拥有密钥 sk，因此泄露给 P 的是密文 $(E_{q,1}, E_{q,2})$ 的解密结果。将 $E_{q,1}$ 的解密结果记为 $\boldsymbol{\beta}$，其表示编码后的 XOR 过滤器添加噪声之后的查询结果的数组。同时，$E_{q,2}$ 的解密结果记为 $\boldsymbol{\theta}$，其表示添加噪声之后的欧几里得距离的数组。因此，地面接入点 P 得到泄露信息 $L_2 = \{\boldsymbol{\beta}, \boldsymbol{\theta}\}$。同时，我们省略了数组长度 N 和项目维度等辅助信息。

定理 2：SOQ 方案在泄露信息 L_2 下在地面接入点 P 处是安全的，不会将数据集合、目标数据项和查询数据项泄露给 P。

证明：模拟器 Sim 的执行过程如下。首先，随机选择一个目标数据项和一个查询数据项，以及一组数据项。然后，它模拟敌手 A 的行为：生成查询令牌 $\{C''_{q,1}, C''_{q,2}\}$；计算查询响应 $\{E''_{q,1}, E''_{q,2}\}$；对结果 $\{\boldsymbol{\beta}'', \boldsymbol{\theta}''\}$ 解密。Sim 输出 A 的理想模型的视图为 $\{\boldsymbol{\beta}'', \boldsymbol{\theta}''\}$，A 的现实模型的视图为 $\{\boldsymbol{\beta}, \boldsymbol{\theta}\}$。

显然，在现实/理想模型中，$\boldsymbol{\beta}$ 和 $\boldsymbol{\beta}''$ 两者无法区分，因为 $\boldsymbol{\beta}$ 是通过乘以一个随机数组以及经过一次随机旋转进而随机生成的。同时在现实/理想模型中 $\boldsymbol{\theta}$ 和 $\boldsymbol{\theta}''$ 也是无法区分的，因为 $\boldsymbol{\theta}$ 被另一个随机数组 $\boldsymbol{\gamma}$ 保护。区分现实模型的视图和理想模型的视图相当于区分随机选择的数值。地面接入点 P 能从 $\boldsymbol{\theta}$ 中得到的唯一的信息就是查询数据项和数据集合之间的欧几里得距离是否低于阈值 r。由于地面接入点 P 既不能恢复查询数据项，也不能恢复数据集合，因此在地面接入点 P 处，查询数据项和数据集合是被保护的。因此，SOQ 方案在地面接入点 P 处是安全的。

6.4 实验评估

本节首先展示实验设置，并确定比较的方案；其次，比较并展示通信开销；最后，比较并展示计算开销，表明 SOQ 方案的优势。

6.4.1　实验设置

为了测试所提出方案的可行性，本节找到一个包含 150 艘船图像的数据集，并计算它们的 Hu 矩。由于所提出的方案依赖于整数空间，本节对 Hu 矩进行编码，这些 Hu 矩进一步用于验证 SCDist 和 SCQuery 方案的正确性。由于数据集的规模有限，因此，本节选择一个典型的近海场景进行实验设置，其中每平方千米大约有 10 艘船。以深圳西部的船舶路线为例，其长度为 5.1km，宽度在 0.65km 到 0.9km 之间[19]。两船之间的安全距离为 0.2km，每艘船的平均长度为 0.1km。假设卫星 S 遵循 Jilin-1 Gaofen-04A 卫星的分辨率参数，其遥感图像的宽度为 15km，分辨率为 0.5m。

在密码学实验设置中，使用 Microsoft SEAL 库版本 v.2.3.1 中的 BFV 密码系统实现[20]。并且使用环维度 $n=8192$（密文有 8192 个可利用批处理的插槽），并且默认的系数模数 $q=\left(43+43+44+44+44\right)=218\,\text{bit}$，安全级别为 128bit。用 c_0 表示每个密文的长度，其长度为 $c_0=8192\times 8\text{Byte}$。对于 XOR 过滤器的实现，本节使用本章参考文献[21]中的代码。在一台带有 16.0GB 内存的六核 12 代 Intel(R)Core(TM) i5-12500 处理器上测试 BFV 密码系统中计算密集型部分的性能，即 BFV.Enc、BFV.Dec、SIMD.Add、SIMD.Mul 和 SIMD.Rotate。在表 6.3 中显示了 1000 次实验的同态操作的平均时间。此外，LSH 的实现使用的是本章参考文献[22]中的代码。

表 6.3　几何特征表

操作	BFV.Enc	BFV.Dec	SIMD.Add	SIMD.Mul	SIMD.Rotate
平均时间/ms	107.41	35.78	471.84	596.64	132.42

这是第一项关于安全在轨查询过程的工作。本节提出了使用安全在轨查询 SOQ 方案进行比较。SOQ 方案遵循与 SEOQ 方案相同的过程，但没有利用 SCQuery 技术。也就是说，它省略了 $\text{SCQuery.Comp}\left(C_{q,1},D_s,(h_1,h_2,h_3)\right)\rightarrow C_{\text{xor}}$ 和 $\text{SIMD.Mul}(C_{\text{xor}},C_{\gamma_1})\rightarrow E_{q,1}$ 中的步骤，$\text{SCDist.Calc}(C_{q,2},Y_q,\text{pk})\rightarrow C_{\text{dist}}$ 中涉及的项集是 Y。另一个比较方案为基准安全查询（BSQ）方案，它遵循 SOQ 方案中定义的相同步骤。然而，它没有利用 SIMD 属性。

6.4.2 通信开销

由于数据组织阶段在轨执行，首先计算在轨查询阶段 SOQ 方案的通信开销，特别是查询用户 U 使用 BFV 密码系统的一个密文来传递令牌 C_q。对于卫星 S，它主要使用$\lceil m/N \rceil$个 BFV 密码系统的密文来传输噪声添加的欧几里得距离，其中 m 是集合 Y 中 Hu 矩的规模。由于传输 Dist 的通信开销远小于密文，因此只考虑密文的通信开销。SOQ 方案的通信开销是$\mathrm{Comm}_{\mathrm{SOQ}} = (1+\lceil m/N \rceil)\cdot c_0$。

对于 SEOQ 方案，查询用户 U 使用 BFV 密码系统的两个密文来生成查询密文。同时，卫星 S 使用 BFV 密码系统的一个密文来传输密文$E_{q,1}$，以及$\lceil \lceil m/w \rceil / N \rceil$个密文来传输$E_{q,2}$。因此，SEOQ 方案的通信开销是$\mathrm{Comm}_{\mathrm{SEOQ}} = \left(3+\lceil \lceil m/w \rceil / N \rceil\right)\cdot c_0$。至于 BSQ 方案，令牌传输的通信开销是 7 个 BFV 密码系统的密文，因为不涉及 SIMD 编码。对于欧几里得距离的计算，通信开销是 m 个密文。因此，BSQ 方案的通信开销是$\mathrm{Comm}_{\mathrm{BSQ}} = (7+m)\cdot c_0$。

图 6.5(a)比较了 SOQ 方案和 BSQ 方案在远程遥感图像长度 l 为 5km 到 50km 的通信开销。评估结果表明，BSQ 方案的通信开销大约是 SOQ 方案的 1000 倍。例如，当遥感图像的长度设置为 50km 时，SOQ 方案的通信开销为4.19×10^6 bit，而 BSQ 方案为3.94×10^9 bit。这是因为由 SIMD 编码的 BFV 密码系统支持批处理约 1107 个 Hu 矩（每个 Hu 矩占用 7 个插槽，每个密文拥有 8192 个插槽），大大节省了通信开销。

图 6.5 (b) 比较了 SOQ 方案和 SEOQ 方案在遥感图像长度 l 为 5km 到 50km，LSH 桶的数量分别为 $w=2$ 和 $w=4$ 时的通信开销。SEOQ 方案的通信开销优于 SOQ 方案的原因是 SEOQ 方案将 Hu 矩分成 w 部分，节省了通信开销。例如，当遥感图像的长度设置为 50km 时，SOQ 方案的通信开销为4.19×10^6 bit；SEOQ 方案当 $w=2$ 时为3.67×10^6 bit，当 $w=4$ 时为2.62×10^6 bit。

图 6.5（c）比较了 SEOQ 方案在 LSH 桶数量从 2 到 10 时的通信开销，遥感图像的长度分别设置为 40km、80km 和 160km。仿真结果表明，SEOQ 方案的通信开销随着 LSH 桶数量的增加而减少，这是因为涉及的 Hu 矩减少。例如，当遥感图像的长度为 160km 时，SEOQ 方案的通信开销为3.15×10^6 bit；当长度为 80km 时为2.62×10^6 bit；当遥感图像的长度为 40km 时为2.10×10^6 bit。

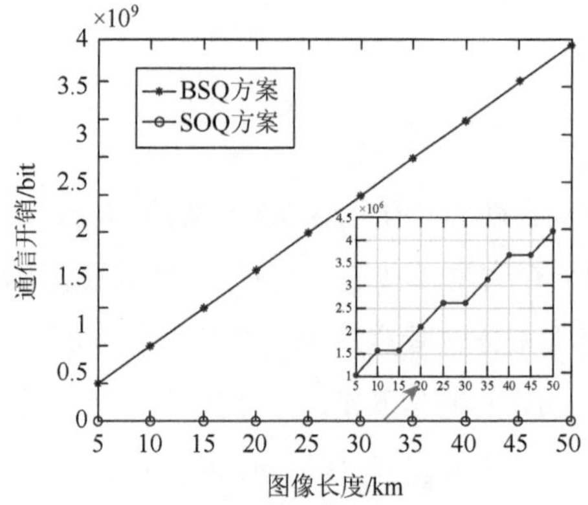

(a) BSQ方案和SOQ方案通信开销的比较
内插图为SOQ方案的放大图

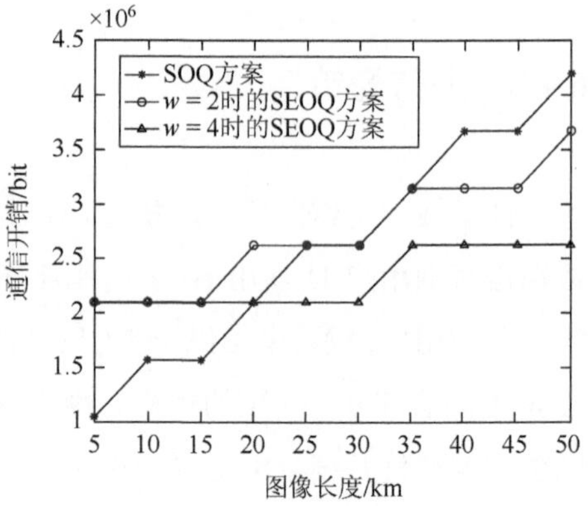

(b) SOQ方案和SEOQ方案通信开销的比较

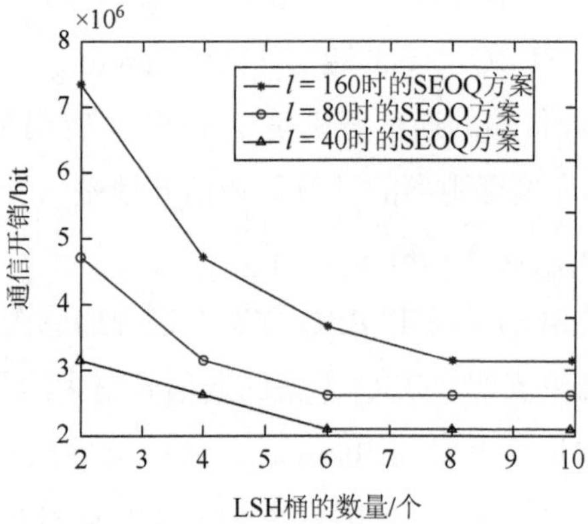

(c) SEOQ方案的通信开销与LSH桶的数量及图像长度的关系

图 6.5　通信开销比较

6.4.3　计算开销

在性能评估中，因为 BSQ 方案的通信开销是 SOQ 方案的 m 倍，本节仅比较 SOQ 方案和 SEOQ 方案的计算开销和通信开销。对于 SOQ 方案，生成对应于 C_{dist} 的密文的总计算开销为

$$\text{Comp}_{\text{BSQ}} = (\text{BFV.Enc} + 3\times\text{SIMD.Mul} + 8\times\text{SIMD.Add} + 6\times\text{SIMD.Rotate})\times\lceil m/N\rceil \tag{6.6}$$

另外需要 $\lceil m/N\rceil\times(\text{BFV.Enc}+\text{SIMD.Mul}+\text{BFV.Dec})$ 次操作来处理密文。因此，SOQ 方案的计算开销为

$$\mathrm{Comp}_{\mathrm{SOQ}} = (2\times \mathrm{BFV.Enc} + 4\times \mathrm{SIMD.Mul} + 8\times \mathrm{SIMD.Add} + 6\times \mathrm{SIMD.Rotate} + \mathrm{BFV.Dec})\times \lceil m/N \rceil \tag{6.7}$$

对于 SEOQ 方案，卫星 S 需要 $(2\times \mathrm{BFV.Enc} + \mathrm{SIMD.Mul} + \mathrm{SIMD.Add})$ 次操作来生成请求 $(C_{q,1}, C_{q,2})$，GAP 需要一个 BFV.Dec 操作进行解密。同时，卫星 S 花费 $\lceil \lceil m/w \rceil / N \rceil \times (\mathrm{BFV.Enc} + 3\times \mathrm{SIMD.Mul} + 8\times \mathrm{SIMD.Add} + 6\times \mathrm{SIMD.Rotate} + \mathrm{BFV.Dec})$ 次操作来处理欧几里得距离。因此，SEOQ 方案的计算开销为

$$\begin{aligned}\mathrm{Comp}_{\mathrm{SEOQ}} = &\left(2 + \lceil \lceil m/w \rceil / N \rceil\right)\times \mathrm{BFV.Enc} + 4\times \lceil \lceil m/w \rceil / N \rceil \times \mathrm{SIMD.Mul} + 8 \\ &\times \lceil \lceil m/w \rceil / N \rceil \times \mathrm{SIMD.Add} + 6\times \lceil \lceil m/w \rceil / N \rceil \times \mathrm{SIMD.Rotate} \\ &+ \left(1 + \lceil \lceil m/w \rceil / N \rceil\right)\times \mathrm{BFV.Dec}\end{aligned}$$

图 6.6（a）比较了 SOQ 方案和 SEOQ 方案的计算开销，图像长度 l 为 5km 到 50km，LSH 桶的数量 w 分别为 2 和 4。模拟结果表明，SEOQ 方案的计算开销远低于 SOQ 方案。当图像长度设置为 50km 时，SOQ 方案的计算开销为 5.05×10^4 ms；SEOQ 方案当 $w=2$ 和 $w=4$ 时分别为 2.86×10^4 ms 和 1.44×10^4 ms。

图 6.6（b）显示了 SEOQ 方案的计算开销与 LSH 桶的数量的关系，图像长度分别设置为 40km、80km 和 160km。正如模拟结果所示，随着 LSH 桶数量的增加，计算开销降低。这是因为参与欧几里得距离计算的 Hu 矩规模减小。当图像长度为 160km 且 LSH 桶的数量为 10 时，计算开销为 2.15×10^4 ms。

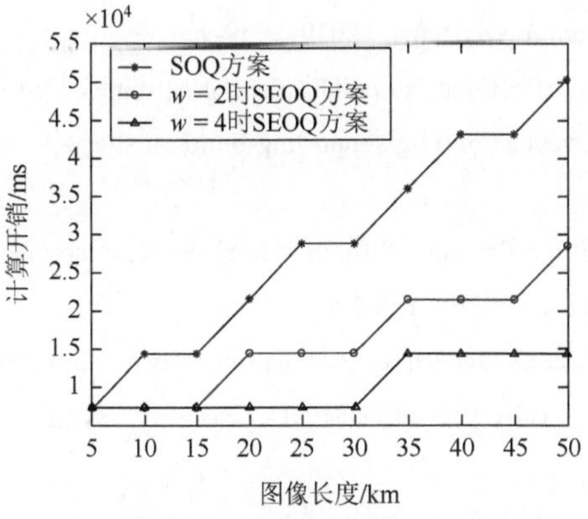

(a) 随着图像长度变化的SOQ方案与SEOQ方案的计算开销比较

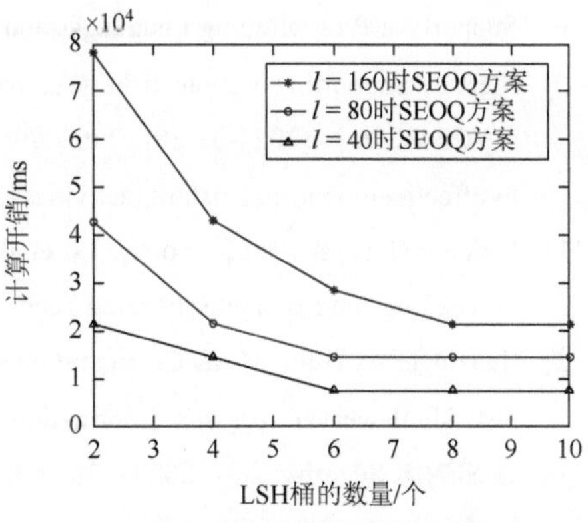

(b) 随着LSH桶的数量变化的SEOQ方案的计算开销

图 6.6　计算开销比较

参 考 文 献

[1] Gionis A，Indyk P，Motwani R. Similarity search in high dimensions via hashing[C]//Vldb，1999，99（6）：518-529.

[2] Graf T M，Lemire D. Xor filters：Faster and smaller than Bloom and cuckoo filters[J]. Journal of Experimental Algorithmics（JEA），2020，25：1-16.

[3] Fan J，Vercauteren F. Somewhat practical fully homomorphic encryption[J]. Cryptology ePrint Archive，2012：144.

[4] Smart N P，Vercauteren F. Fully homomorphic SIMD operations[J]. Designs，codes and cryptography，2014，71：57-81.

[5] Huang C L，Feng Y Y，Wei Y，et al. Assessing regional public service facility accessibility using multisource geospatial data：A case study of underdeveloped areas in china[J]. Remote Sensing，2024，16（2）：409.

[6] Wellmann T，Lausch A，Andersson E，et al. Remote sensing in urban planning：Contributions towards ecologically sound policies？[J]. Landscape and urban planning，2020，204：103921.

[7] Little Place Labs. Why satellite edge computing？[EB/OL]. [2024-08-26]. https://www.littleplace.com/post/why- satellite-edge-computing.

[8] KP Labs. What is on-board data processing？[EB/OL]. [2024-10-26]. https://kplabs. space/blog/what-is-on- board-data-processing/.

[9] Denby B，Lucia B. Orbital edge computing：Nanosatellite constellations as a new class of computer system[C]//Proceedings of the Twenty-Fifth International Conference on Architectural Support for Programming Languages and Operating Systems，2020：939-954.

[10] ICEYE. Supporting remote fishery patrols to effectively stop IUU fishing activities[EB/OL].（2020-02-26）[2024-08-26]. https://www.iceye.com/blog/supporting-remote-fishery-patrols-to-effectively-stop-iuu-fishing-activities.

[11] Melchor C A，Barrier J，Fousse L，et al. XPIR：Private information retrieval for everyone[J]. Proceedings on Privacy Enhancing Technologies，2016：155-174.

[12] Henzinger A，Hong M M，Corrigan-Gibbs H，et al. One server for the price of two：Simple and fast single-server private information retrieval[C]//32nd USENIX Security Symposium（USENIX Security 23），2023：3889-3905.

[13] Boyle E，Couteau G，Gilboa N，et al. Oblivious transfer with constant computational overhead[C]//Annual International Conference on the Theory and Applications of Cryptographic Techniques，2023：271-302.

[14] Hu M K. Visual pattern recognition by moment invariants[J]. IRE transactions on information theory，1962，8（2）：179-187.

[15] Pang Y H，Zhang Y M，Kong Q L，et al. SOCDet：A lightweight and accurate oriented object detection network for satellite on-orbit computing[J]. IEEE Transactions on Geoscience and Remote Sensing，2023，61：1-15.

[16] Pang Y H，Zhang Y M，Wang Y，et al. SOCNet：A lightweight and fine-grained object recognition network for satellite on-orbit computing[J]. IEEE Transactions on Geoscience and Remote Sensing，2022，60：1-13.

[17] Fan J，Vercauteren F. Somewhat practical fully homomorphic encryption[J]. Cryptology ePrint Archive，2012144.

[18] Goldreich O. The foundations of cryptography（volume 2：basic applications）. Cambridge：Cambridge University Press，2004.

[19] 新通讯社.深圳开通第一条“海上高速公路”[EB/OL].（2023-04-06）[2024-08-24]. https://www.lwxsd.com/ pcen/info_view.php？tab = mynews&VID = 36448.

[20] Laine k. Simple encrypted arithmetic library 2.3.1[EB/OL].（2024-03-12）[2024-10-21]. https://www.microsoft. com/en-us/research/uploads/prod/2017/11/sealmanual-2-3-1.pdf.

[21] Github. Xor singleheader[Z]. [2024-10-21]. https://github.com/FastFilter/xor singleheader.

[22] Github. Nearest-Neighbour-LSH[Z]. [2024-10-21]. https://github.com/cchatzis/Nearest-Neighbour-LSH.